PHILOSOPHIE DES SCIENCES HUMAINES

CONCEPTS ET PROBLÈMES

BIBLIOTHÈQUE D'HISTOIRE DE LA PHILOSOPHIE

PHILOSOPHIE DES SCIENCES HUMAINES

CONCEPTS ET PROBLÈMES

Textes réunis
sous la direction de
Florence HULAK et Charles GIRARD

PARIS
LIBRAIRIE PHILOSOPHIQUE J. VRIN
6, Place de la Sorbonne, V[e]
2011

Les sciences humaines ont en effet en partage des *concepts*. Valeurs, règles ou dispositions; significations, symboles ou représentations; objectivité, observation et évaluation : elles ont hérité de ces outils, issus pour la plupart de la philosophie, dont elles se sont émancipées depuis le XIXe siècle. L'effort de traduction et d'acclimatation de ces concepts, impliqué par leur importation au sein des sciences humaines, puis d'une science humaine à une autre, les a investis de significations nouvelles, leur conférant par là des usages et des pouvoirs inédits. Ils servent tant à délimiter leurs objets et à en rendre compte qu'à formuler et à contraindre les conditions mêmes de leur pratique. Ils constituent des points d'entrée privilégiés dans les *problèmes* ontologiques, épistémologiques ou pratiques qui aiguillent le développement de ces sciences, et qu'elles contribuent à construire.

Sans prétendre à l'exhaustivité ni même à une forme quelconque de représentativité, ce recueil propose l'analyse de neufs concepts essentiels : la causalité, les normes, l'interaction, l'événement, la nature, la société, l'inconscient, l'expérimentation et la neutralité. Chacune des études réunies ici examine l'une de ces notions en affrontant certains des problèmes centraux qu'elle suscite ou révèle, dans le seul souci de donner aux lecteurs, et en particulier aux étudiants en philosophie et en sciences humaines, les moyens de se repérer dans le champ, et l'envie de l'explorer. Cet ouvrage ne constitue pas pour autant un manuel; la seule logique qui a présidé à son élaboration est celle de la diversité : des auteurs, spécialistes de la philosophie des sciences humaines se trouvant à tous les stades de la carrière de chercheur, des traditions, représentées ici au-delà des clivages théoriques sans souci de synthèse ni de convergence, et enfin des concepts eux-mêmes, donnant à voir les dimensions multiples d'une réflexion bien vivante.

Si un tel ouvrage se prête mal à l'exposé d'une conception unique, il suppose au moins de tenir une thèse pour acquise : la philosophie a quelque chose à dire sur les sciences humaines. À moins de contester l'autonomie de ces disciplines, condition même de leur scientificité, la philosophie ne peut certes pas adopter à leur égard une position de surplomb. Elle ne peut prétendre révéler les différences philosophiques inaperçues auxquelles se ramèneraient en dernier lieu leurs problèmes théoriques, ni normer de l'extérieur leur exercice pratique, ni encore s'imaginer comprendre mieux qu'elles et à leur place ce qu'elles disent ou font. La technicité propre au travail philosophique, ancrée dans l'analyse des concepts et la mise à l'épreuve des raisons, ne la laisse toutefois pas démunie pour contribuer à la réflexion sur les sciences humaines. La position d'extériorité forcée de la philosophie vis-à-vis de ces dernières lui permet, en même temps qu'elle la contraint à une plus grande modestie, de porter sur elles un regard original, enrichi par le contact constant avec une histoire philosophique dont ces sciences sont aussi les héritières.

Mais si une telle démarche peut contribuer à la pensée des sciences humaines, elle est surtout indispensable à la philosophie elle-même, en tant qu'elle lui ouvre un accès plus sûr aux savoirs et aux questionnements qu'elles produisent, sans lesquels sa réflexion ne saurait désormais avancer.

LA CAUSALITÉ

La question de la causalité dans les sciences sociales engage d'abord les relations qui existent entre les événements sociaux (dans quelle mesure peut-on dire qu'un évènement social X est la cause d'un événement social Y ?) et par suite l'explication de ces événements : les relations causales entre deux événements permettent alors de dire que la survenue d'un événement explique celle d'un autre. Ces deux questions liées (l'une dans le repérage des relations entre les choses, et l'autre dans l'explication scientifique qu'elle permet) posent donc le problème de la possibilité de mise en évidence de relations causales, soit encore celui de leur localisation dans la complexité de l'intrication des événements sociaux. On peut remarquer d'emblée que, dans le cadre de la vie quotidienne, il est très souvent fait référence à des relations de causalité, sans lesquelles l'action ordinaire, fondée notamment sur l'anticipation des actions d'autrui, serait impossible. La tâche d'une réflexion théorique est alors de parvenir à une clarification des conditions de reconnaissance de telles relations.

La tradition ou les traditions de l'analyse des événements sociaux correspondent à cet égard fondamentalement à deux grandes positions contraires :

– l'une qui reconnaît l'existence de scénarios causaux dans la vie sociale ;

– l'autre qui la refuse et considère que la spécificité des sciences sociales n'est pas de mettre en évidence des lois analogues à celles reconnues par les sciences de la nature.

Ces deux traditions ne sont cependant pas homogènes. En particulier, pour la tradition qui reconnaît l'existence de scénarios causaux, ceux-ci peuvent advenir soit au niveau « macro » des ensembles et des agrégats sociaux, soit au niveau « micro » des actions singulières qui leur donnent naissance (soit aux deux niveaux, dans un rapport qu'il convient alors de préciser).

Elles renvoient ou non par ailleurs à la notion de loi, l'introduction du concept de mécanisme étant présentée soit comme une manière de recourir à des scénarios causaux tout en échappant à la notion de loi, soit comme un cheminement permettant d'expliquer les rouages causaux d'une loi.

Dans le cadre de cette tradition, on peut ainsi indiquer que les notions de loi, de causalité et de mécanisme ne se superposent pas, même si elles sont proches. En effet, la notion de loi, si elle stipule la constante succession d'événements, ne décrit pas nécessairement le « mécanisme causal » permettant de passer de l'un à l'autre et qui peut éventuel-lement être repéré. Le mécanisme intervient alors comme un scénario causal explicatif de la loi.

Inversement, si une causalité singulière est repérée entre deux événements historiques singuliers, non répétables, se pose la question de savoir si la mise en évidence d'une relation causale singulière entre eux implique nécessairement l'existence d'une loi, puisqu'il s'agirait d'une causalité intervenant entre deux événements singuliers non répétables.

Enfin, la question du mécanisme est tantôt décrite comme une solution alternative à la notion de loi, tantôt comme un jalon intermédiaire explicitant son fonctionnement interne; par ailleurs si la notion de mécanisme semble impliquer nécessairement celle de causalité, les relations de la notion de causalité avec celle de loi se retrouvent à nouveau.

D'un autre côté, la tradition qui ne s'appuie pas sur la mise en évidence de relations de causalité dans les sciences sociales est elle-même plus ou moins radicale dans son refus des scénarios causaux. De fait, il est difficile, dans un travail empirique donné, de se refuser à toute introduction de scénarios causaux, en sorte que le refus théorique de recourir à des lois s'accompagne néanmoins souvent de références plus ou moins assumées à des relations causales.

Nous nous proposons donc de présenter dans le cadre de cet article les principales positions et les arguments qui leur sont associés, en essayant de les articuler les uns aux autres. Nous évoquerons principalement les positions classiques des pères fondateurs des sciences sociales et de leur épistémologie en indiquant les prolongements contemporains de leurs arguments. Notre but n'est pas de proposer ici des analyses épistémologiques fines, mais de balayer les principales positions exprimées dans le domaine des sciences sociales au cours de leur évolution. Il ne s'agit pas en effet de réfléchir sur la complexité des notions de causalité, de loi ou de mécanisme, en soi, et pour toutes les sciences, ce qui dépasserait les limites possibles de cette contribution: il s'agit plus modestement d'essayer de voir comment les positions se sont développées à l'intérieur du domaine des sciences sociales, permettant une clarification de leur travail, sans ambitionner de théoriser dans toutes leurs dimensions les concepts engagés par elles.

LES RELATIONS CAUSALES AU NIVEAU MACRO

L'analyse des sciences sociales, dans sa volonté de scientificité et de continuité avec les sciences de la nature, a tenté de mettre en évidence des relations causales, ou plus exactement des lois, au niveau des ensembles sociaux : la position classique à cet égard étant celle d'Auguste Comte, qui pensait que des lois « statiques » ou « dynamiques » régissaient le fonctionnement et l'évolution des systèmes sociaux pris dans leur ensemble. Comte ne retenait pas la notion de cause, jugée métaphysique, car non observable, mais mettait en évidence la notion de loi comme relevant d'une véritable démarche scientifique découvrant les relations entre les faits[1]. Dans le même type de perspective, des lois de l'évolution des sociétés étaient mises en évidence par Karl Marx pour rendre compte de l'évolution des sociétés. Il s'agit donc également de lois relatives à l'évolution générale des systèmes sociaux.

Dans les deux cas, et en particulier dans celui de Marx, il y a des arguments pour montrer que ces auteurs pouvaient difficilement échapper à une mise en évidence de relations causales intervenant entre les éléments constitutifs des systèmes, et donc entre les acteurs[2]. Toutefois, si la démonstration est convaincante dans le cas de Marx, elle est contraire à l'intention fondamentale de Comte qui, d'une part, insiste sur la notion de système social, les lois ne pouvant intervenir qu'à ce niveau, et d'autre part refuse à la psychologie (et aux lois qui pourraient advenir au niveau des individus) le statut de

1. A. Comte, *Discours sur l'esprit positif*, Paris, Vrin, (1844) 1995.

2. J. Elster, *Karl Marx. Une interprétation analytique*, Paris, P.U.F., (1985) 1989.

science : il s'agit bien de mettre en évidence des lois au niveau macro social.

Il y a une filiation claire entre Comte et Émile Durkheim de ce point de vue : comme Comte, Durkheim[1] cherche à établir des lois au niveau macro social, afin de garantir la scientificité de la sociologie, et comme lui, il considère que la psychologie individuelle n'est pas susceptible de rendre compte de ces relations entre réalités sociales. Toutefois, ce que Durkheim réalisera, par rapport à Auguste Comte, est l'introduction d'un raisonnement d'ordre statistique : il ne s'agit plus de lois d'un système, en général, mais de l'établissement de relations causales entre variables sociales appréhendées de manière quantitative. Durkheim montre ainsi, sur la base des statistiques de son époque, que le fait d'appartenir à telle ou telle confession religieuse augmente ou diminue les chances de suicide. Durkheim parlait de variations concomitantes. Désormais on parle, de manière plus précise, de corrélations plus ou moins fortes entre variables (indépendantes et dépendantes). Pour Durkheim, il y avait à la fois une volonté d'établir des relations de dépendance entre dimensions sociales (du type religion et suicide) et une ontologie forte établissant un niveau social spécifique « émergent » irréductible au niveau des actions individuelles. C'est la combinaison de ces deux positions qui fonde pour lui scientifiquement la sociologie, capable de reconnaître des lois à un niveau spécifique de réalité sociale. Dès lors, le débat devait porter et a porté sur la question de l'existence effective d'un niveau de réalité spécifiquement social, et d'autre part sur l'interprétation en termes de causalité des relations de dépendance entre variables statistiques. En

1. É. Durkheim, *Les règles de la méthode sociologique*, Paris, P.U.F., (1894, 1937) 1987.

effet, la référence à un niveau macro de variables sociales n'implique pas l'existence d'une ontologie de l'émergence et d'un niveau spécifiquement social.

Il convient de noter que, dans la pratique courante des sciences sociales, aujourd'hui, la mise en évidence de relations de dépendance entre variables quantitatives est souvent associée à une interprétation « causale », sans qu'il y ait toutefois de conviction forte associée ni à l'existence d'une ontologie sociale spécifique, ni à une théorisation précise de la notion de causalité [1]. Par exemple, s'il apparaît que les personnes qui disposent d'un revenu élevé ont davantage tendance que les autres à trouver la société juste, les analystes auront tendance à interpréter cette relation de dépendance entre variables en relation causale, et à dire ainsi que « le niveau de revenu » est la *cause* de l'appréciation de la société comme juste, et en conséquence que le niveau de revenu « explique » cette attitude par rapport à la justice. Généralement, les analystes qui adoptent ce type de position n'ont pas d'engagement ontologique fort, et ont recours à ce vocabulaire plus comme une traduction de la relation statistique que comme une affirmation de relations causales réelles. Il n'empêche que ces analyses statistiques conduisent communément à parler de relations causales à propos des relations de dépendance entre variables, et que se pose alors la question de l'explicitation et de l'élucidation de ces relations : c'est ici que s'est logée initialement la thématique des « mécanismes sociaux » dont le but était d'essayer de rendre compte, par référence au niveau des actions individuelles, à partir desquelles étaient constituées les variables, de la manière dont s'opérait effectivement

1. A. Abbott, *Methods of Discovery. Heuristics for the Social Sciences*, New York-London, W.W. Norton and Company, 2004.

la dépendance entre variables. L'enjeu de cette mise en évidence de « mécanismes » était de montrer que, indépendamment de relations causales entre niveaux ontologiques sociaux, les relations de dépendance entre variables devaient renvoyer à des relations effectives entre les actions des individus et leurs résultats[1]. Mettre au jour ce mécanisme permettait ainsi de rendre compte et d'expliquer la relation de dépendance entre variables sociales.

RELATIONS DE CAUSALITÉ AU NIVEAU MICRO

En effet, le principe d'un niveau ontologique social spécifique, et celui de l'existence de lois intervenant directement à ce niveau font l'objet d'une contestation. Très tôt la critique s'est déployée à l'encontre de l'idée suivant laquelle on pourrait repérer des lois sociales, telle qu'elle avait été promue par Comte. Le cœur de l'attaque réside dans deux éléments distincts : d'abord, le fait que de telles lois n'existent pas, qu'elles ne sauraient être de fait repérées au niveau d'ensembles sociaux. Ensuite, les régularités sociales impliquant *nécessairement* des individus, qui seuls ont la capacité d'agir, et donc de *mettre en mouvement* la réalité sociale, c'était au niveau des individus et de leur comportement qu'il convenait d'étudier à la fois les relations causales éventuelles au niveau des comportements individuels et au niveau de leurs résultats sociaux.

C'est John Stuart Mill[2] qui a critiqué les positions de Comte dont il avait été proche. La théorie de Mill va donc avoir

1. R. Boudon, *L'inégalité des chances*, Paris, Armand Colin, 1979.

2. J. S. Mill, *Système de logique*, trad. fr. par L. Peisse, Liège, Mardaga, (1843,1866) 1988.

deux dimensions fondamentales : il s'agit d'une théorie du comportement humain, régi par des lois. En cela, il réhabilite, à l'opposé de Comte, une théorie psychologique, les lois du comportement étant des lois de l'esprit humain, qui l'amènent à réagir de telle ou telle manière dans telle ou telle circonstance. C'est ensuite une théorie des relations qui existent entre ces actions individuelles et la mise en évidence de phénomènes sociaux au niveau « macro ». Par exemple Mill va se demander comment on peut interpréter, à partir des comportements individuels observables, le fait constant que, chaque année, en moyenne, il y ait le même nombre de lettres postées dont l'adresse du destinataire a été oubliée par l'expéditeur. On voit bien que les relations causales se situent dans cet exemple à deux niveaux distincts : quelles sont les lois psychologiques qui vont faire que les individus vont se comporter de telle ou telle manière dans telle circonstance ? Quelle est ensuite l'incidence que ces comportements auront sur la constitution des phénomènes sociaux ?

Ce qui est donc refusé est l'existence de lois au niveau social qui ne prennent pas en compte le niveau spécifique où la vie sociale se déroule, celui des actions individuelles qui ont un pouvoir de réalisation des phénomènes sociaux. Le débat entre individualisme et holisme naît ainsi, du point de vue de la question des lois et de la causalité. Mill était un philosophe et un économiste. Sa théorisation s'est appliquée principalement à l'économie politique, dont Comte considérait qu'elle était une « prétendue science ». La théorisation de Mill a ainsi trois dimensions fondamentales eu égard à cette science.

Premièrement, il s'agit de mettre en évidence une dimension du comportement (déterminée donc psychologiquement), et qui consiste à préférer, toutes choses égales par ailleurs, un gain supérieur à un gain moindre. Ainsi naît la théorie d'un *Homo oeconomicus* (même si Mill n'emploie pas ce terme), individu idéal cherchant à satisfaire ses intérêts [1].

Deuxièmement, ces régularités de comportement au niveau micro permettent de déterminer causalement des régularités sociales au niveau macro (comme la formation des prix).

Enfin, troisièmement, ces résultats correspondent à une abstraction: on suppose que l'acteur n'est mu que par son intérêt, alors que l'on sait que dans la réalité effective il est soumis à toutes sortes d'influences. Il s'agit toutefois de montrer que cette supposition abstraite permet de rendre compte des grandes propriétés de la réalité économique, même si dans le détail les comportements seront plus variables et leurs résultats moins tranchés.

Il faut ajouter que Mill n'excluait pas, bien au contraire, que le comportement de l'individu fût façonné par son environnement social, ce qui permettait de développer d'une part une théorie psychologique souple intégrant la formation de « caractères nationaux », on dirait aujourd'hui une variabilité culturelle; et cela correspondait aussi à une capacité d'influence causale de la réalité sociale sur les comportements individuels. Il convient d'intégrer ainsi à l'analyse les modalités de l'influence que l'environnement social exerce sur le comportement des individus.

Dans cette perspective, la réalité des lois du comportement est ce qui détermine les régularités sociales, en sorte que l'on puisse éventuellement parler de « lois » au niveau macro social (comme la loi de l'offre et de la demande), en indiquant toutefois que celles-ci renvoient nécessairement, en aval, à

1. P. Demeulenaere, *Homo oeconomicus, Enquête sur la constitution d'un paradigme*, Paris, P.U.F., (1996) 2003.

une détermination psychologique du comportement. Par ailleurs, la dimension d'abstraction sera considérée comme un élément essentiel du raisonnement, puisque, dans l'enchevêtrement des événements sociaux, il s'agit de repérer des scénarios causaux possibles, qui sont isolés abstraitement des influences les contrecarrant. On détermine ainsi des situations simplifiées qui rendent compte d'une partie des phénomènes. Mais ce sont bien des relations causales qui sont à la base du raisonnement : des déterminations psychologiques au niveau micro et leurs conséquences pour le fonctionnement de la réalité sociale au niveau macro.

LE REFUS DES LOIS EN SCIENCES SOCIALES

Il y a donc une tradition « naturaliste » en sciences sociales qui, sur le modèle des sciences de la nature, postule l'existence de lois qui permettent une explication scientifique, que ces lois se situent au niveau micro des actions individuelles, envisagées d'un point de vue psychologique, ou que celles-ci se trouvent au niveau macro des ensembles sociaux constitués, où les lois sont, dans une perspective statistique, associées aux corrélations entre variables. Cette position naturaliste ne signifie en rien toutefois un « individualisme » atomiste lorsqu'il y a référence aux individus, ni une exclusion de la variation culturelle qui est au contraire un élément central à la fois explicatif et à expliquer.

Ce type d'approche a néanmoins été tôt critiqué, en particulier par Wilhelm Dilthey[1] qui adopte une position

1. W. Dilthey, *Introduction aux sciences de l'esprit*, dans *Œuvres*, 1, trad. fr. par S. Mesure, Paris, Cerf, (1883) 1992.

« antipositiviste ». Celle-ci obéit essentiellement à deux principes.

Le premier est de dire que la réalité sociale est d'abord historique, c'est-à-dire qu'elle est marquée par la singularité plutôt que par la régularité de lois. L'attaque de Dilthey contre le positivisme de Comte est appuyée par une mise en évidence des singularités historiques non répétables.

Le deuxième grand argument est celui de l'importance de la « compréhension » (*verstehen*) qui fait son entrée dans la théorisation des sciences sociales. Cet argument établit une distinction entre le règne de la nature, soumis à des relations causales qui ne sont pas directement intelligibles pour le scientifique, et qu'il se contente de mettre en évidence, et le règne de la société, où l'intentionnalité des actions d'autrui peut être saisie « de l'intérieur » (suivant la métaphore utilisée par Dilthey) par compréhension : cette notion de compréhension est associée à la capacité que l'historien a de « revivre » les événements qu'il interprète, et donc de se mettre à la place des acteurs dans leur intentionnalité, ce qu'il n'est pas possible de faire avec des événements naturels. À cela va s'ajouter une thématique néo-kantienne qui est de postuler la liberté des individus, dans la vie sociale, par opposition au déterminisme naturel ou social (les théories de Comte, de Mill ou de Durkheim étant globalement déterministes).

Le paysage conceptuel des sciences sociales est donc le lieu d'un contraste entre d'une part des théoriciens de l'assimilation de la démarche des sciences de la société à celle des sciences de la nature, autour de la notion de loi et de détermination causale, soit au niveau micro soit au niveau macro, et d'autre part les théoriciens d'une rupture entre elles, insistant sur la singularité historique de la vie sociale et la spécificité des relations de « compréhension » se substituant à l'explication par des lois. Ce thème de la compréhension par « reviviscence » sera fortement présent dans l'épistémologie des sciences sociales du XXe siècle, par exemple chez les théoriciens de l'analyse historique Robin G. Collingwood[1] ou William Dray[2]. Il est par ailleurs lié à la mise en évidence d'ensembles significatifs historiquement variables, de mondes culturels spécifiques, qui donnent leur intelligibilité aux actions individuelles. De ce point de vue, il y aura d'une certaine manière une filiation entre les positions de Dilthey et celles de Wittgenstein ou de Winch[3] insistant sur la spécificité des ensembles sociaux, l'anthropologie cherchant à restituer ces ensembles significatifs en dehors de toute référence à des lois ou à des relations causales.

Toutefois, le contraste fort et radical entre ces deux positions a d'emblée connu deux limites importantes.

La première peut être associée au nom de Wilhelm Windelband[4]. Celui-ci a, de manière célèbre, opposé les sciences « nomothétiques », mettant en évidence les lois auxquelles est soumis le réel, et les sciences « idiographiques », décrivant le particulier. Souvent la position de Windelband est présentée comme étant celle d'une différence ontologique entre deux types de sciences : or la lecture du texte de Windelband montre qu'il n'en est rien, et qu'il oppose non

1. R. G. Collingwood, *The Idea of History*, Oxford, Oxford University Press [ouvrage posthume], nouvelle édition (1946), 1993.

2. W. H. Dray, *Philosophy of History*, Prentice Hall, Upper Saddle River, NJ, (1964) 1993.

3. P. Winch, *The Idea of Science and its relation to philosophy*, London, Routledge and Kegan Paul, 1958.

4. W. Windelband, « Histoire et science de la nature » (Discours de Rectorat), trad. fr. par S. Mancini, *Les études philosophiques*, 1, (1894) 2000, p. 1-16.

pas deux types de sciences, mais, d'un point de vue méthodologique, deux types d'approche du réel, l'une cherchant à mettre en évidence des lois et des régularités causales, l'autre se consacrant à la description d'un particulier irréductible à des lois générales. Loin d'opposer deux groupes de sciences, les sciences de la nature et les sciences de la société, il va montrer au contraire que, aussi bien dans la nature que dans la société, on est tantôt confronté à la régularité de lois, tantôt à une variabilité historique : par exemple la théorie de l'évolution de Darwin correspond à un mélange d'événements historiques imprévisibles et de régularités causales s'exerçant sur les individus. De même les langues obéissent d'un côté à des contraintes structurelles fortes, de l'autre à une grande variabilité historique. Cette position mixte de Windelband est essentielle car elle permet de dépasser des points de vue partiels et insatisfaisants.

Un deuxième élément central de ce dépassement se trouvera dans la position de Max Weber[1] : ce dernier est un théoricien de la compréhension, à la suite de Dilthey et de Georg Simmel. Comme eux il critique la possibilité d'une réduction de la science sociale à la mise en évidence de lois générales à caractère psychologique. Toutefois, en réalité, sa position est très nuancée : ce qu'il souligne est que le but des sciences sociales n'est pas de réduire la diversité de la réalité historique à des lois générales, mais de rendre compte de situations historiques particulières, comme par exemple la spécificité du capitalisme moderne par opposition à la vie économique médiévale. Mais Weber insiste bien sur le fait

1. M. Weber, « L'objectivité de la connaissance dans les sciences et la politique sociales », *Essais sur la théorie de la science*, trad. fr. par J. Freund, Paris, Plon, Presses Pocket, (1904, 1965) 1992.

que, pour réaliser ce projet, on a besoin de recourir à ce qu'il appelle un « savoir nomologique ». Bien qu'il ne décrive pas précisément lui-même ce qu'il entend par savoir nomologique, on peut considérer que Weber l'associe à deux dimensions fondamentales de l'action : d'une part il indique bien que les motifs de l'action sont les causes de l'action, inaugurant ainsi le débat central en philosophie de l'action sur la relation entre les causes et les raisons. D'autre part, l'analyse de l'action conduit à une attention particulière à ses conséquences prévisibles, et donc aux scénarios causaux qui peuvent être décrits et conceptualisés : par exemple le scénario des comportements d'achat ou de vente à la bourse. L'originalité de Weber est ainsi d'être à la fois attentif au détail et à la variabilité historique des situations sociales, tout en conceptualisant les régularités causales nécessaires à leur intelligibilité. Par ailleurs, bien que Weber n'en fasse pas explicitement la théorisation, il évoque à de nombreuses reprises les tendances psychologiques qui se manifestent chez les individus placés dans certaines situations sociales (comme par exemple le fait que les heureux et les puissants cherchent toujours à justifier leur situation et à la considérer comme méritée).

Ce que suggère donc l'analyse de Windelband c'est la possibilité du dépassement d'une opposition forte et définitive, telle que la concevait Dilthey, entre sciences de la nature et sciences de la société, autour de la notion de compréhension. Celle-ci va de fait renvoyer d'une part à des ensembles sociaux variables qui donnent leur intelligibilité aux actions singulières : la question de la causalité n'y est pas directement ici impliquée, puisqu'il s'agit de restituer des ensembles significatifs. En même temps, pour élucider ces ensembles significatifs, il faut aussi avoir recours à des régularités causales qui permettent de les rendre intelligibles et qui se situent :

– au niveau de la détermination psychologique des actions (qui n'exclut donc pas la variabilité culturelle et sociale) ;

– au niveau des conséquences pratiques de l'action ;

– au niveau de la mise en relation des actions singulières avec des ensembles sociaux, qui ont deux dimensions symétriques : d'une part les actions individuelles sont responsables de la production de phénomènes sociaux, et d'autre part ceux-ci, en retour, ont une incidence sur les comportements individuels et sur la détermination des actions possibles dans certaines circonstances. En particulier, les normes et les institutions, qui varient de manière forte dans la diversité des configurations sociales, sont le résultat de la combinaison de décisions individuelles en même temps qu'en retour celles-ci sont très fortement contraintes par les normes et les institutions en vigueur dans un cadre donné.

BILAN INTERMÉDIAIRE

Lorsque l'on considère la dynamique de l'évolution des sciences sociales, aussi bien dans leur autonomisation relative que dans leurs interactions répétées, les choses apparaissent contrastées quant à leur traitement de la notion de loi.

La psychologie apparaît résolument orientée vers la mise en évidence de lois du comportement, même s'il apparaît que ces lois relèvent davantage de tendances statistiques que de lois strictement déterminantes.

La théorie économique se réfère à des comportements économiques qui, dans l'analyse de Mill, relèvent de lois psychologiques. Il est vrai qu'on peut prendre ces comportements simplement comme une base méthodologique d'analyse des phénomènes, sans se prononcer sur leur origine psychologique ou culturelle. Toujours est-il que l'articulation micro/macro peut être mise en évidence dans les comportements individuels donnant naissance à des phénomènes collectifs (par exemple le niveau des prix). Cette relation de causalité micro/macro peut elle-même conduire à l'établissement de lois macro, réductibles toutefois à un soubassement micro. Les développements récents de l'économie expérimentale ramènent l'économie à un intérêt pour les dispositions comportementales repérables.

Par rapport à ce type de position, la sociologie va s'engager vers trois types de directions possibles.

Une position similaire à celle de l'économie, où les comportements individuels, au moins en partie déterminés psychologiquement, donnent lieu à des phénomènes sociaux macro. D'une certaine manière, on peut dire que c'est la position de Weber, même s'il insiste toujours sur le caractère historique particulier de certains comportements, et sur le caractère historique particulier de situations sociales prises dans leur ensemble.

Par contraste avec cette position, il y en a deux autres, plus radicales :

Celle de Durkheim qui situe les lois au niveau macro directement, même s'il les interprète à travers les variations concomitantes.

Celle de Dilthey refusant la notion de loi, pour donner essentiellement une description des singularités historiques, position qui sera privilégiée dans le cadre de la description ethnographique (même si de fait celle-ci peut difficilement échapper aux scénarios causaux).

LA SYNTHÈSE DE HEMPEL

La théorisation de Carl Hempel va faire figure de position classique au XXe siècle pour assurer la scientificité de l'analyse des sciences sociales par similitude avec les sciences de la nature. Le raisonnement de Hempel est d'insister sur le caractère déductif de l'explication en sciences, et donc en sciences sociales : il s'agit de partir de conditions initiales, de se référer à l'existence de lois en rapport avec le phénomène à expliquer, et d'en déduire alors l'événement particulier. Un exemple permet de comprendre sa position :

> Considérons maintenant un exemple impliquant des facteurs sociologiques et économiques. À l'automne 1946, une chute des cours du coton se produisit aux Etats-Unis, si forte que les bourses de New York, de la Nouvelle Orléans et de Chicago durent interrompre momentanément leurs activités. Lorsqu'ils cherchèrent à expliquer ce phénomène, les journaux le firent remonter à un spéculateur de grande envergure de la Nouvelle Orléans qui avait craint que ses dépôts ne fussent trop importants et qui avait donc commencé à liquider ses stocks; de plus petits spéculateurs avaient alors suivi son exemple, et avaient ainsi provoqué une baisse radicale des prix. Sans essayer de vérifier les mérites de cette argumentation, notons que l'explication suggérée engage à nouveau des propositions relatives à des conditions antécédentes ainsi que l'hypothèse de régularités générales. Les premières incluent le fait que le premier spéculateur avait des stocks importants de coton, qu'il y avait de plus petits spéculateurs ayant de larges dépôts, qu'il existait une institution telle que la bourse du coton avec son mode spécifique de fonctionnement etc. Les régularités générales auxquelles il est fait référence, comme toujours dans les explications à demi savantes, ne sont pas explicitement mentionnées. Mais, clairement, une certaine forme de la loi de l'offre et de la

> demande est impliquée pour rendre compte de la chute des prix du coton à partir d'une demande très fortement accrue, la demande restant pratiquement inchangée; par ailleurs, il est besoin de compter sur un certain nombre de régularités de comportement des individus cherchant à préserver ou à améliorer leur situation économique. De telles lois ne peuvent aujourd'hui être formulées avec une précision et une généralité satisfaisantes et, de ce fait, l'explication proposée est certainement incomplète; mais son but est, sans erreur possible, de rendre compte du phénomène en l'intégrant à un ensemble de régularités économiques et socio-psychologiques[1].

Hempel cherche à mettre en évidence la forme du raisonnement explicatif: pour parvenir à une explication causale d'un phénomène singulier, on est obligé de recourir à des lois générales, qui, compte tenu de situations particulières de départ, permettent d'expliquer le phénomène. Ces conditions de départ, dans l'exemple de Hempel, incluent, comme on l'a vu, des *institutions* particulières, dans le cadre desquelles se déroulent un certain nombre d'actions qu'elles contraignent. Il est intéressant toutefois de noter que, dans ce modèle nomologique-déductif mis en place par Hempel, les lois auxquelles il est fait référence sont aussi bien de niveau macro (la loi de l'offre et de la demande) que de niveau micro (la volonté de préserver sa situation économique). Il parle par ailleurs en fait de régularités de comportement, puisque son schéma explicatif va inclure des lois tendancielles plutôt que

1. C. Hempel (avec P. Oppenheim), « Studies in the logic of explanation », *Philosophy of Science*, vol. 15, 2, 1948. Republié dans C. Hempel, *Aspects of scientific explanation and other essays in the Philosophy of science*, New York, The Free Press, 1965, p. 251-252 (notre traduction).

strictement déterminantes. Le schéma explicatif est néanmoins très clair : pour parvenir à des explications de phénomènes sur une base causale, on a besoin de recourir à des lois générales, sans lesquelles on n'a pas de base pour parvenir à une véritable explication.

DES LOIS AUX MÉCANISMES, ALLER ET RETOUR

La théorisation classique de Hempel a subi principalement trois grandes critiques fondamentalement différentes.

La première concerne l'existence même de lois, et la possibilité de « calquer » l'analyse en sciences sociales sur l'analyse en sciences de la nature. Il s'agit de lui substituer une analyse « compréhensive » ou « herméneutique », dans un renouvellement des positions de Dilthey. Ce type de position se trouve aussi bien dans la philosophie de l'histoire (Collingwood, Dray), dans la philosophie des sciences sociales d'inspiration wittgensteinienne (Winch) que dans l'anthropologie[1].

On peut à cet égard considérer trois tentatives de rapprochement des points de vue et de dépassement de cette opposition définitive entre les deux perspectives.

D'abord, il est certain que certaines explications ne correspondent pas à la mise en évidence de lois : par exemple si l'on « explique » la signification d'un objet par son insertion dans le cadre symbolique d'une culture qui lui donne sens (par exemple la culture japonaise), on ne fait pas directement référence à des lois, mais à des règles de comportement. Toutefois l'explicitation des règles constitutives de la signification de

1. C. Geertz « La description dense. Vers une théorie interprétative de la culture », trad. fr. par A. Mary, *Enquête*, 1998, 6, (1973) 1998, p. 73-105.

l'objet n'implique pas qu'il n'y ait pas par ailleurs des régularités de comportements ou des lois sociales. Ce sont deux aspects différents qui ne s'excluent pas nécessairement l'un l'autre.

En outre, des raisonnements causaux sont possibles à partir de telles situations : si par exemple tel objet a telle signification, il est prévisible que les membres d'une culture donnée, face à lui, adopteront une certaine attitude. Par exemple, dans une société où les individus comprennent qu'un feu rouge signale la nécessité pour un automobiliste de s'arrêter (pour éviter toutes sortes de conséquences désagréables, comme la collision ou l'amende), les individus auront tendance à s'arrêter à la vue d'un feu rouge. L'existence d'une institution et de sa signification sont l'occasion de la décision d'arrêt des conducteurs, et la « provoquent » ainsi d'une certaine manière (du point de vue d'une observation de la relation entre les événements).

Enfin, troisièmement, il convient sans doute de se départir d'une notion de compréhension intuitive, s'appuyant sur l'« empathie », telle qu'elle avait été conceptualisée par Dilthey, Simmel, Weber et Collingwood, ou la possibilité de « se mettre à la place de l'autre », une reviviscence psychologique. De la même façon que la psychologie avait rompu avec l'introspection pour traiter les comportements de manière objectivante, il est possible de traiter les motifs des individus, dans leur environnement social, comme un matériau à analyser de manière causale, afin de saisir leur émergence sous certaines conditions (y compris sociales). Le développement des sciences cognitives permet ainsi de traiter le raisonnement humain dans ses déterminants et ses lois de fonctionnement : certes, une idéologie est possible en la matière, qui laisserait de côté la diversité culturelle et les singularités individuelles. Mais, en même temps, il est clair que d'une part le raisonnement obéit à des régularités, et que d'autre part les normes sociales constitutives des cultures peuvent faire l'objet d'une tentative d'explication de leur apparition dans certains contextes, qui vont ensuite conduire les individus à agir de telle ou telle manière dans telle ou telle circonstance.

Une deuxième grande critique tient au caractère déductif du raisonnement nomologique. Ce caractère déductif a deux aspects : soit dans le cadre de la modélisation, il consiste à déduire un événement empirique d'une loi générale, compte tenu de conditions antécédentes, soit il s'agit d'articuler entre eux différents comportements par référence à une hypothèse de comportement unique générale (par exemple une hypothèse de comportement économique qui aurait des conséquences non seulement en termes d'achat et de vente, mais aussi de choix du nombre d'enfants, ou des respect ou non d'un certain nombre d'interdictions etc.)

La critique du caractère déductif du raisonnement causal tient d'une part à ce que la description des événements sociaux est considérée comme n'ayant pas de caractère déductif, mais comme relevant d'une description dense[1]. On peut toutefois indiquer que même lors de descriptions particulières, il est souvent fait référence à des propositions générales qui leur donnent sens. La question de la description n'épuise pas par ailleurs le problème de l'explication et de sa forme, si elle a une dimension causale, lorsqu'elle répond à la question « pourquoi ».

1. C. Geertz « La description dense. Vers une théorie interprétative de la culture », *op. cit.*

L'autre critique, très différente, adressée au raisonnement déductif tient au problème de sa pertinence. En effet, se référer à des lois, d'un point de vue déductif, peut être correct d'un point de vue formel, tout en conduisant à une explication erronée. Un exemple est emprunté à Wesley Salmon[1] pour montrer la possibilité d'une absurdité d'un raisonnement déductif logiquement irréprochable :

Toute personne qui prend des pilules abortives
ne peut être enceinte
Pierre prend des pilules abortives

Pierre n'est pas enceint
(d'après Peter Hedström[2])

Il s'agit là d'une discussion importante en philosophie des sciences pour résoudre le problème de la pertinence. Toutefois, ceci ne doit pas conduire à trop se focaliser sur l'aspect déductif : la question centrale est de savoir si, pour déterminer s'il y a ou non une relation causale entre des événements, on a besoin de recourir à des régularités causales générales. On peut donc se situer dans le prolongement d'une analyse de type hempélien, sans se référer à tout prix à la déduction à partir de conditions antécédentes et de lois, mais en indiquant que l'on a besoin de recourir à des lois pour avoir une explication à caractère causal. Cependant, il convient d'insister sur le fait que l'on peut avoir un raisonnement causal qui ait un caractère déductif, sans recourir à des lois de la nature : si l'on reprend l'exemple précédent du feu rouge,

1. W. C. Salmon, *Statistical Explanation and Statistical Relevance*, Pittsburgh, University of Pittsburgh Press, 1971.

2. P. Hedström, Peter, *Dissecting the Social. On the Principles of Analytical Sociology*, Cambridge, Cambridge University Press, 2005.

l'existence d'une institution va « provoquer » l'arrêt des automobilistes[1].

Enfin, l'intervention de la notion de mécanisme apparaît comme une critique du recours à la loi de type hempelien : soit parce que le mécanisme correspondrait à une explicitation des lois, insuffisamment explicatives par elles-mêmes, soit parce que, plus radicalement, de telles lois n'existeraient pas dans le domaine social, et que les mécanismes permettraient alors d'avoir des scénarios causaux indépendamment d'une référence à des lois. Les deux positions se trouvent dans la littérature.

Chez Jon Elster[2], on trouve ainsi l'idée, proche du raisonnement de Rom Harré[3], que la loi n'étant que l'indication d'une succession constante d'événements, il faut découvrir le mécanisme qui *génère* cette succession. Mais comme le mécanisme recourt lui-même à des régularités de succession, il y a un risque de régression qui renvoie à nouveau vers la difficulté qui était à surmonter[4]. C'est pourquoi le mécanisme, dans ce cas de figure, s'il revient à donner les rouages d'une relation causale, repose nécessairement sur d'autres relations causales.

1. P. Demeulenaere, « Causal regularities, Action and Explanation », dans P. Demeulenaere (éd.), *Analytical Sociology and Social Mechanisms*, Cambridge, Cambridge University Press, 2011.

2. J. Elster, *Nuts and Bolts for the Social Sciences*, Cambridge, Cambridge University Press, 1989 ; *Explaining Social Behaviour. More Nuts and Bolts for the Social Sciences*, Cambridge, Cambridge University Press, 2007.

3. R. Harré, *The Philosophies of Science. An Introductory Survey* Oxford, Oxford University Press, 1972.

4. H. Kincaid, « Defending Laws in the Social Sciences », *Philosophy of Social science*, vol. 20, 1990, p. 56-83.

On peut toutefois présenter les choses de manière hiérarchisée entre niveaux : le mécanisme correspondrait à un recours à un niveau ontologique inférieur d'explication d'une loi de succession repérée à un niveau ontologique supérieur[1]. Toutefois, dans le domaine social, une telle position reviendrait à accorder une réalité ontologique à un niveau social, qui ne va pas de soi, et qui n'est pas nécessairement impliqué par la notion de réalité « macro » qui est hétérogène, et qui renvoie soit à des mesures statistiques, soit à des positions relatives (par exemple dans une hiérarchie ou dans un réseau), soit à des objets nouveaux comme des normes ou des institutions dont on voit mal pourquoi elles relèveraient d'un niveau « supérieur »[2].

Une version plus radicale des mécanismes serait de dire qu'ils se substituent à la notion de loi, dans la mesure où celle-ci n'est pas repérable dans le domaine des sciences sociales, et qu'en revanche certains mécanismes permettent de rendre compte de scénarios causaux[3] : par exemple, dans le cas d'une prophétie auto-réalisatrice, où la croyance en la survenue d'un phénomène le provoque (par exemple la croyance qu'une banque va faire faillite incite ses déposants à retirer leurs avoirs, ce qui crée la faillite de la banque). Toutefois, dans un scénario causal de ce type, correspondant au mécanisme explicatif, sont engagées une variété d'éléments et aussi bien des

1. A. L. Stinchcombe, *The Logic of Social Research*, Chicago and London, The University of Chicago Press, 2005.

2. P. Demeulenaere, « Introduction », dans P. Demeulenaere (éd.), *Analytical Sociology and Social Mechanisms*, Cambridge, Cambridge University Press, 2011.

3. P. Hedström et L. Udéhn, « Analytical sociology and theories of the middle range », dans P. Hedstrröm et P. Bearman (éd.), *The Oxford Handbook of Analytical Sociology*, Oxford, Oxford University Press, 2009, p. 25-47.

relations de causalité micro /micro. S'il existe des relations de causalité micro/micro, on peut considérer qu'elles peuvent impliquer la référence à des lois [1].

Par ailleurs, si nous avons insisté sur le fait que les relations de causalité pouvaient impliquer des institutions et des règles sociales qui n'ont pas le statut de loi, il faut relativiser la dureté de cette notion de loi : comme l'indique Harold Kincaid[2], même dans le domaine des sciences de la nature les lois n'ont pas toujours un degré de certitude absolu par rapport à des généralisations accidentelles.

Il convient en tous les cas de remarquer que les sciences sociales dans le prolongement de l'activité quotidienne, peuvent difficilement échapper à un recours à des scénarios causaux. C'est donc une tâche essentielle de l'épistémologie de chercher à préciser les garanties d'utilisation de tels scénarios. Ils sont à la fois inévitables et problématiques.

1. K.-D. Opp, « Explanations by Mechanisms in the Social Sciences. Problems, Advantages, and Alternatives », *Mind and Society*, vol. 4, 2, 2005, p. 163-178.

2. H. Kincaid, « Defending Laws in the Social Sciences », *op. cit.*

LES NORMES

En France, il n'est pas permis de se marier ou de conclure un Pacs avec plusieurs partenaires, ou de contracter un autre mariage ou un autre Pacs avant la dissolution du précédent. En termes plus familiers, la polygamie est interdite en France [1].

Quelles que soient nos opinions concernant cette interdiction, nous devons reconnaître qu'elle est légale, en ce sens qu'elle a été créée par une loi émanant d'une autorité politique dont la légitimité est reconnue (l'Assemblée nationale) et qu'elle respecte certaines exigences de procédure formelle (comme le contrôle constitutionnel). Elle s'adresse à des personnes précises (celles qui se trouvent sur le territoire de la France en l'occurrence), qui sont supposées pouvoir la comprendre. Son exécution est garantie par des agents dépositaires du monopole du pouvoir de contraindre par la menace et la force : juges et policiers. Les sanctions en cas d'infraction (amende, emprisonnement, etc.) sont définies d'avance, connues de tous en principe et applicables : envoyer

Merci à Florence Hulak et Charles Girard pour leurs excellentes objections à la première version de ce texte. Merci à Valérie Gateau pour sa relecture généreuse et attentive.

1. Article http://www.legifrance.gouv.fr.

quelqu'un en prison ou le forcer à payer une amende ne pose pas de problèmes techniques insolubles.

Théoriquement, il s'agit d'une *norme*, puisqu'une norme n'est rien d'autre, en première approximation, qu'un énoncé disant si une certaine action ou relation est *obligatoire*, *permise* ou *interdite* [1].

On peut ajouter que c'est une norme *légale*, puisqu'il s'agit d'un énoncé dont la validité est garantie par le fait qu'elle émane d'une loi, et que les infractions à la loi sont punies par certains agents de l'État, et par eux seulement, au moyen de sanctions officielles [2].

NORMES SOCIALES ET NORMES LÉGALES

Comme les normes légales, les normes sociales sont, à première vue, relatives à ce qui est obligatoire, permis ou interdit. Mais il est inutile de chercher l'autorité qui aurait le pouvoir de produire ces normes de façon légitime, car il n'y en a pas. À la différence des normes légales, les normes sociales ne sont pas fabriquées de façon délibérée et centralisée.

Il est inutile aussi de chercher les codes où ces normes seraient officiellement déposées et explicitement énoncées. Ils n'existent pas.

C'est bien ce qui justifie le travail des sociologues, qui affirment avoir des moyens scientifiquement éprouvés (questionnaires fermés, entretiens libres, observations

1. O. Pfersmann, « Pour une typologie modale de classes de validité normative », dans J.-L. Petit (éd.), *La querelle des normes. Cahiers de philosophie politique et juridique*, Caen, Centre de Philosophie de l'Université de Caen, 27, 1995, p. 69-113.

2. *Ibid.*

impartiales, etc.) de découvrir ces normes qui orienteraient nos conduites à notre insu pour ainsi dire [1].

Les normes sociales qui semblent interdire de se coller aux inconnus dans les espaces publics (ascenseurs, bibliothèques, etc.) quand il est possible de se placer à l'écart, sont de bons exemples de ces règles qui orienteraient nos conduites automatiquement et inconsciemment. Elles ne sont écrites nulle part. Il n'est pas évident qu'elles aient fait l'objet d'un apprentissage spécifique, et il a fallu un sociologue particulièrement astucieux pour les révéler dans leur fonctionnement incroyablement complexe, et variable d'une société à l'autre [2].

Ce genre de norme sociale naît, s'impose et disparaît parfois sans l'intervention délibérée de qui que ce soit, et sans avoir besoin d'être validée par une procédure formelle [3]. Elle n'est pas accompagnée de sanctions clairement définies d'avance en cas d'infraction.

Par ailleurs lorsqu'elles sont mises en œuvre, ces sanctions ne sont pas administrées par des agents spécialisés et mandatés pour cette tâche spécifique (juges, policiers, etc.), mais par chacun et tout le monde.

Ceux qui prennent la responsabilité de les mettre en œuvre ne sont pas protégés comme les agents des sanctions légales : ils s'exposent eux-mêmes à des sanctions. Si vous demandez, même très poliment, à quelqu'un de se pousser dans une cafétéria ou une bibliothèque parce que vous jugez

1. G. Rocher, *Introduction à la sociologie générale. Tome 1. L'action sociale*, Paris, Seuil, 1970.

2. E. Goffman, *La mise en scène de la vie quotidienne. Tome 2. Les relations en public*, trad. fr. par A. Kihm, Paris, Minuit, 1973.

3. E. Ullman-Margalit, *The Emergence of Norms*, Oxford, Oxford University Press, 1978.

qu'il s'est assis *trop près de vous* alors que la salle est presque vide, il n'est pas du tout évident que cette intervention soit jugée légitime, et il y a certaines chances pour qu'elle soit elle-même sanctionnée par des grognements, des insultes, des menaces, et autres réactions peu sympathiques.

Durkheim a beaucoup insisté sur ce caractère non centralisé et non protégé des sanctions sociales. Il s'en est même servi pour opposer « sanctions diffuses » et « sanctions organisées », et faire de cette distinction le critère d'identification des normes sociales par rapport aux normes légales [1].

Un autre trait caractéristique des normes sociales, selon Durkheim, c'est l'intensité des réactions émotionnelles que suscite leur violation : rire, sarcasmes, mépris, colère, indignation, dégoût, etc. [2].

Certains philosophes adoptent aujourd'hui ce critère d'identification « émotionnel » des normes sociales, sans être nécessairement passé par la lecture de Durkheim [3].

Pour Shaun Nichols, si les normes interdisant de se moucher avec les doigts ou de cracher par terre en public sont tellement respectées dans les sociétés occidentales contemporaines [4], c'est parce que leur violation suscite désormais une réaction émotionnelle de dégoût physique [5].

1. É. Durkheim « Définition du fait moral », *Textes 2. Religion, morale, anomie*, Paris, Minuit, 1975.

2. R. Ogien, « Sanctions diffuses : sarcasmes, rires, mépris, etc. », *Revue française de sociologie*, vol. XXXI, 1990, p. 591-507.

3. J. J. Prinz, *The Emotional Construction of Morals*, Oxford, Oxford University Press, 2007 ; A. Gibbard, *Sagesse des choix, justesse des sentiments*, trad. fr. par S. Laugier, Paris, P.U.F., (1990) 1996.

4. N. Elias, *La civilisation des mœurs*, Paris, Press Pockett, (1939) 2003.

5. S. Nichols, *Sentimental Rules. On the Natural Foundations of Moral Judgment*, Oxford, Oxford University Press, 2004, p. 129-140.

Ce raisonnement permet de proposer un critère de distinction entre norme sociale et norme légale.

De l'existence d'une réaction répandue de dégoût physique à l'égard de certains actes, on peut inférer l'existence d'une norme sociale interdisant ces actes, mais pas l'existence d'une norme légale.

Le cas de l'inceste pourrait servir d'exemple. Selon certains chercheurs, l'inceste entre adultes consentants continue de provoquer massivement un sentiment de dégoût[1]. Si ce fait était avéré, on pourrait en conclure qu'il existe une norme sociale qui l'interdit. Mais on ne pourrait absolument pas en conclure qu'il existe une norme légale qui le sanctionne. Et de fait, l'inceste entre adultes consentants n'est pas une infraction pénale[2].

NORMES SOCIALES ET NORMES MORALES

Les normes morales comme « Il ne faut pas mentir », « Il faut tenir ses promesses » sont plus proches des normes sociales que des normes légales.

1) Comme les normes sociales, les normes morales ne sont pas fabriquées de façon délibérée et centralisée, selon des procédures formelles explicites, par des autorités dont la compétence est reconnue.

1. L. Faucher, « Les émotions morales à la lumière de la psychologie évolutionniste : le dégoût et l'évitement de l'inceste », dans C. Clavien et C. El-Bez, (éd.), *Morale et évolution biologique : entre déterminisme et liberté*, Lausanne, Presses polytechniques et universitaires romandes, 2007.

2. J. Barillon et P. Bensoussan, *Le nouveau code de la sexualité*, Paris, Odile Jacob, 2007, p. 107-111.

2) Comme dans le cas des normes sociales, la violation des normes morales n'est pas exclusivement sanctionnée par des agents officiels spécialement mandatés à cet effet, mais par chacun et par tout le monde.

3) Comme dans le cas des normes sociales, la violation des normes morales peut provoquer le dégoût, si on estime que ces normes morales contrôlent non seulement notre rapport aux autres, mais aussi notre rapport à nous-mêmes : nos façons de nous habiller, de veiller à notre propreté corporelle, de nous comporter sexuellement, etc. [1]. (Précisons cependant que, pour certains chercheurs, les normes morales ne concernent que le rapport aux autres, et non le rapport à soi [2].)

Si nous voulons trouver un critère de distinction pertinent entre normes sociales et normes morales, il faut donc chercher ailleurs que du côté des réactions émotionnelles et du mode d'administration des sanctions.

L'un des meilleurs candidats à ce rôle est la prétention à l'universalité [3].

Ainsi, l'impératif « Tu ne tueras pas » est censé valoir pour tout le monde, et tout le monde peut avoir les mêmes raisons d'accepter les exceptions (en cas de légitime défense par exemple). En revanche, parmi ceux qui pensent qu'il ne faut pas porter du noir aux enterrements, un certain nombre est disposé à admettre que ce n'est pas une obligation universelle,

1. J. Haidt, S. H. Koller et M. G. Dias, « Affect, Culture and Morality, or Is It Wrong to Eat Your Dog? », *Journal of Personality and Social Psychology*, vol. 5, 4, 1993, p. 613-628.

2. R. Ogien, *L'éthique aujourd'hui. Maximalistes et minimalistes*, Paris, Gallimard, 2007.

3. E. Turiel, *The Culture of Morality*, Cambridge, Cambridge University Press, 2002.

et ils ne seront pas bouleversés d'apprendre qu'ailleurs on porte plutôt du blanc.

Mais ce critère est contesté, parce que certains moralistes dits « particularistes » pensent que la prétention à l'universalité n'est pas un critère décisif d'identification des normes morales [1], et parce que des sociologues et anthropologues estiment que certaines normes sociales ont une prétention à l'universalité. Il suffirait de penser encore une fois à l'interdit de l'inceste, qui serait à la fois purement social tout en étant universel, pour en être convaincu [2].

Au total, alors que la distinction entre normes morales et légales est assez claire et solidement appuyée sur des critères formels, la différence entre normes sociales et normes morales est parfois difficile à établir.

L'interdit de faire commerce de ses organes est-il social ou moral ? L'interdit de l'inceste est-il social ou moral ?

Il existe de bons arguments en faveur de l'idée que l'interdit de l'inceste entre adultes consentants est purement *social* et n'a pas de valeur *morale* [3]. Mais c'est un point de vue qui ne fait pas l'unanimité, en raison précisément du caractère supposé universel de l'interdit de l'inceste.

Dans cet essai, je m'intéresse aux normes sociales, qui ne sont pas le produit d'une intervention humaine délibérée et n'ont pas nécessairement de prétention à l'universalité, et je me pose à leur propos une seule question.

1. J. Dancy, *Ethics Without Principles*, Oxford, Clarendon Press, 2004.

2. C. Lévi-Strauss, *Les structures élémentaires de la parenté*, Paris, P.U.F., 1949.

3. J. J. Prinz, *The Emotional Construction of Morals*, Oxford, Oxford University Press, 2007.

Dans quelle mesure l'appel aux normes sociales permet-il d'expliquer les conduites humaines ?

C'est une question importante du point de vue des sciences humaines, dans la mesure où l'explication des conduites par le respect des normes sociales va à l'encontre de certaines façons spontanées de comprendre le comportement humain : celles qui mettent en avant des motifs purement égoïstes ou des pulsions « naturelles ».

Mais auparavant, il faut préciser ce que signifie « norme sociale ».

QU'EST-CE QU'UNE NORME SOCIALE ?

Partons de ces quatre définitions classiques [1].

1) Une norme est un énoncé émis *par un certain nombre de membres d'un groupe*, pas nécessairement par tous, disant que les membres doivent se comporter de telle ou telle façon dans telle ou telle circonstance [2].

2) Une norme est une règle ou un critère gouvernant notre conduite dans les situations sociales où nous sommes engagés. C'est une *attente* sociale. C'est ce à quoi on s'attend que nous nous conformions, que nous le fassions ou pas [3].

3) Une norme est un modèle abstrait dont le siège est dans l'esprit, qui trace des limites aux comportements. La norme effective est celle qui n'est pas simplement dans l'esprit, mais

1. J.P. Gibbs, « Norms. The Problem of Definition and Classification », *The American Journal of Sociology*, 70, 1965, p. 586-593.

2. G. Homans, *Social Behavior : Its Elementary Forms*, New York, Harcourt, Brace and Co, 1961, p. 46.

3. R. Bierstedt, *The Social Order*, 2e éd., New York, Mc Graw-Hill Book Co, 1963, p. 222.

celle qui est aussi tenue pour une norme qui mérite d'être appliquée dans un comportement effectif, de sorte qu'on peut sentir qu'on doit s'y conformer. C'est ce sentiment qui indique que l'on « accepte » la norme[1].

4) Les normes sont des *prescriptions ou des interdictions sanctionnées et largement acceptées*, portant sur les comportements, croyances, sentiments d'autrui, c'est-à-dire sur ce que les autres doivent faire croire, sentir, etc. Les normes doivent être des prescriptions *partagées*. Elles incluent toujours des sanctions[2].

Ces définitions mettent en avant plusieurs critères d'identification des normes sociales. Ce sont des prescriptions ou des interdictions sanctionnées. Elles sont largement acceptées. Elles s'expriment dans des attentes sociales et des sentiments d'adhésion subjective.

Cependant, chacun de ces traits pose des problèmes que la recherche sur les normes sociales a mis en évidence.

LES NORMES SOCIALES SONT-ELLES NÉCESSAIREMENT DES RÈGLES SUIVIES PAR LA MAJORITÉ DES GENS ?

Les définitions (1) et (2) reconnaissent qu'un certain genre de comportement peut représenter la norme, *même s'il n'est pas le plus fréquent ni même le plus largement approuvé dans une population donnée*.

Essayer de fixer des seuils quantitatifs précis serait assez vain. À partir de quel moment pourrait-on dire que la norme

1. H. M. Johnson, *Sociology*, New York, Harcourt Brace and Co, 1960, p. 8.

2. R. T. Morris, « A Typology of Norms », *American Sociological Review*, XXI, 1956, p. 610.

sociale « Il ne faut pas resquiller dans les files d'attente » n'existe plus ? Quand 50% de la population examinée ne la respecterait plus ? Pourquoi pas 40% ou 60% ?

Cette objection ne condamne pas le critère quantitatif, mais elle exclut qu'on puisse lui donner une définition précise.

Une autre objection au critère quantitatif consiste à affirmer qu'une norme n'est pas une conduite considérée comme bonne ou juste par la majorité d'une population donnée, mais seulement par ceux qui maîtrisent la parole publique, et sont particulièrement bien situés, au sein d'une population donnée, dans la hiérarchie du prestige du pouvoir, des biens économiques : ceux que Howard Becker appelle les « entrepreneurs moraux » [1].

Cette dernière objection menace un peu plus le critère quantitatif que la précédente, dans la mesure où elle n'implique nullement que les entrepreneurs moraux parviennent à convaincre une majorité, mais seulement qu'ils finissent par détenir le pouvoir de sanctionner ceux qui ne suivent pas leurs préceptes.

PEUT-ON CONCEVOIR DES NORMES SOCIALES SANS PRESCRIPTION NI SANCTIONS ?

Contrairement à ce que l'on pourrait avoir tendance à penser, il est possible de caractériser les normes sociales sans donner aux idées de prescription et de sanction le rôle principal. C'est bien ce que font ceux qui, dans les définitions

1. H. S. Becker, *Outsiders. Études de sociologie de la déviance*, trad. fr. par J.-P. Briand et J.-M. Chapoulie, Paris, Métaillié, (1963) 1985.

(1) et (2), insistent sur l'aspect *prédictif* et *attractif* des normes sociales

Dans nos relations avec autrui, nous avons des attentes, nous anticipons des comportements. Nous pensons aussi que les autres ont des attentes et des anticipations du même genre à notre égard. Nous réglons nos conduites sur ces attentes et sur ces anticipations réciproques, sans exclure la possibilité de manipulations auxquelles elles peuvent donner lieu. Ce sont ces attentes et ces anticipations qui nous font servir le dessert et le café *à la fin* du repas plutôt qu'au début, ou qui font que nous nous attendons à les recevoir à la fin plutôt qu'au début. Ce qui justifie, à nos yeux, ces attentes réciproques, c'est notre croyance en l'existence de certaines formes de régularité dans les conduites, qu'on peut appeler des normes. Si nous les suivons ce n'est pas parce que nous pensons que nous serons punis si nous ne le faisons pas, mais parce que nous considérons sincèrement que c'est ce qu'il faut faire.

Selon la conception prédictive de la norme sociale, si on faisait intervenir les notions d'« intérêt personnel » ou de « crainte des sanctions » pour expliquer pourquoi nous réglons nos conduites les uns sur les autres, on perdrait le sens même de ce qu'est une « norme sociale ».

Pensez à ce qu'on peut dire des normes morales. Si quelqu'un se conforme à la norme « Il faut tenir ses promesses » par crainte des sanctions ou par intérêt, on aura tendance à juger qu'il ne la respecte pas en tant que norme *morale*. De la même façon, on pourrait dire de celui qui se conforme à la norme « Il faut servir le café à la fin du repas » par crainte des sanctions ou par intérêt, qu'il ne la respecte pas en tant que norme *sociale*. Nous verrons par la suite que c'est bien ce critère qui permet d'opposer les explications des conduites par les normes sociales et par l'intérêt personnel.

Un autre moyen de caractériser la norme sans faire intervenir l'idée de prescription consiste à mettre l'accent sur son aspect *attractif*. Nous parlons des lois d'une puissance militaire d'occupation, des règlements d'une prison. Mais nous ne pensons pas qu'on pourrait substituer le mot « norme » aux mots lois et règlements dans ces contextes. On ne peut pas dire « les normes des relations entre occupant et occupés » pour qualifier ses lois martiales. On ne peut pas dire « les normes des relations entre gardiens et incarcérés » pour parler des règlements de la prison. Pourquoi ? Peut-être parce que nous avons tendance à penser que des lois, des règles, des prescriptions, ne sont des normes que si, et seulement si, elles sont approuvées, appréciées, subjectivement désirées. Autrement dit, une règle ne devient une norme que si nous l'approuvons, si nous pensons qu'elle est bonne, et non si elle se présente à nous comme une obligation purement extérieure, comme les lois d'une puissance militaire d'occupation.

Pour Durkheim, les trois propriétés qu'il attribue aux normes sociales (collectives, prescriptives et sanctionnées) sont intimement mêlées : chacune d'elles est nécessaire. Mais une bonne partie de la recherche en théorie des normes sociales depuis Durkheim (dont les quatre définitions en tête de ce chapitre ont donné un aperçu), consiste à examiner ces caractères de façon indépendante, et à essayer de montrer que le plus original dans la théorie des normes sociales, c'est qu'elle permet de diminuer l'importance des idées d'intérêt personnel et de sanction dans l'explication de l'action humaine.

QUELQUES ARGUMENTS EN FAVEUR DE L'EXPLICATION DE L'ACTION PAR LES NORMES ET LES VALEURS

Le caractère régulier, répétitif, du comportement humain, l'existence d'*attentes* de comportements généralement satisfaites appellent une explication que la notion de norme semble être en mesure de fournir, plus particulièrement lorsqu'elle est associée à celle de valeur.

C'est un fait que les individus tendent à se dire « Bonjour », « Merci » ou « Au revoir » en certaines circonstances, ou, plus exactement, qu'ils *s'attendent* à ce qu'on leur dise « Bonjour », « Merci » ou « Au revoir » en certaines circonstances, même si, pour différentes raisons, l'échange n'a pas lieu. Nous pouvons être tentés d'expliquer ce fait en invoquant l'existence de normes ou de règles de politesse. Puis, la conformité à ces normes ou règles en invoquant l'existence de valeurs générales de respect pour la personne.

Le même schéma peut nous aider à comprendre la différence entre le type de relation qu'on attend entre les membres d'une même famille et le type de relation qu'on attend entre les fonctionnaires et les clients d'une administration. Cette différence semble s'expliquer aisément aussitôt qu'on invoque l'existence de valeurs qui fixeraient ce qui est *désirable* en général, et de normes qui seraient comme des expressions de ces valeurs dans l'orientation concrète des relations interpersonnelles [1].

Dans le cas de la famille, les valeurs seraient celles de l'affectivité, de l'altruisme, de la considération pour la personne entière et ses qualités plutôt que pour

1. T. Parsons, *The Social System*, Glencoe, Ill., The Free Press, 1951.

ses réussites sociales ou professionnelles. Ces valeurs s'exprimeraient dans des *normes de partialité* demandant qu'on donne, par exemple, la préférence à ses enfants par rapport à ceux des autres.

Dans le cas des relations bureaucratiques, les valeurs seraient celles de la neutralité affective, de l'orientation universaliste, de la considération des personnes sous un aspect seulement, celui des droits spécifiques, etc. Ces valeurs s'exprimeraient dans des *normes d'impartialité* dans le traitement des patients, des usagers, des clients.

L'explication par les normes et les valeurs n'est pas incompatible avec l'explication par les sanctions, puisque l'existence des sanctions elles-mêmes est justifiée, la plupart du temps, par celle des valeurs et des normes. C'est parce que la plupart des gens pensent que le respect d'autrui est une valeur, et que cette valeur impose certaines normes de conduite, qu'ils tendraient à sanctionner ceux qui ne se conforment pas aux règles de politesse.

Cependant, l'intérêt principal des notions de norme et de valeur, c'est qu'elles permettent de diminuer considérablement l'importance des idées de contrainte ou de sanction dans l'explication de l'action.

L'explication par les normes et les valeurs déplace l'accent vers les éléments *attractifs*, *désirables*, *voulus*, de certaines manières d'être, d'agir, de penser, de sentir.

C'est chez Talcott Parsons qu'on trouve la justification théorique la plus systématique de cette conception, inspirée sur certains points par Max Weber. Selon Parsons, elle devrait s'imposer à tous ceux qui rejettent le behaviorisme, c'est-à-dire la conception psychologique selon laquelle le comportement humain est le produit d'un conditionnement par récompenses et punitions [1].

Pourquoi ?

D'après Parsons, l'être humain doit être représenté, dans la théorie sociologique, comme un organisme orienté par des besoins propres ou des motifs *internes*, et non comme une sorte d'automate réagissant à des stimulations purement *extérieures*.

En effet, l'être humain agit avant tout pour rétablir des équilibres internes en s'adaptant à l'environnement ou en le modifiant, ainsi qu'on le constate en étudiant des comportements élémentaires comme la recherche de nourriture. Ce ne sont pas seulement des stimulations extérieures qui provoquent ce genre de comportement : c'est un état de déséquilibre interne de l'organisme, qui le conduit à rechercher des moyens de rétablir l'équilibre en explorant son environnement.

Mais les besoins humains n'ont pas toujours ce caractère rudimentaire. Il s'agit souvent de besoins complexes qui s'expriment dans la recherche de richesse, de prestige ou de pouvoir par exemple. De plus, l'anthropologie culturelle nous a appris que ces motifs utilitaires ou intéressés n'étaient pas les seuls qui soient susceptibles d'orienter l'être humain. Celui-ci peut agir pour réaliser certaines fins qui n'ont aucun caractère égoïste.

En réalité, il poursuit les fins qui sont *valorisées* par tel ou tel système culturel, même si celles-ci menacent son intégrité matérielle ou physique, en excluant certaines actions, même si celles-ci seraient à son avantage personnel.

1. T. Parsons, *Essays in Sociological Theory* (éd. révisée), New York, The Free Press, 1954, p. 348-369.

Les conduites d'honneur ou de vengeance sont typiques de ce point de vue. Ceux qui s'engagent dans des cycles de vendettas ne le font pas spécialement pour augmenter leurs chances personnelles de vivre vieux !

Ces valeurs et ces normes sont des *institutions sociales*, en ce sens qu'elles préexistent aux individus et leurs survivront.

Mais l'individu s'approprie ces valeurs, en quelque sorte, dans le cours du processus de socialisation. Il les « intériorise », ce qui veut dire qu'elles deviennent des dispositions à agir, au même titre que les dispositions élémentaires à rechercher de la nourriture.

Et c'est pourquoi, même si les valeurs sont intériorisées dans un apprentissage pénible à coup de récompenses et de punitions, elles deviennent des motifs *intérieurs* et non de simples réactions mécaniques à des stimulations extérieures [1].

L'agent orienté par ces valeurs institutionnalisées et intériorisées est donc mû par des dispositions *internes*, lesquelles ne sont pas nécessairement égoïstes.

Finalement, pour Parsons, l'avantage de l'explication par les normes et les valeurs, c'est qu'elle nous permet d'éviter les inconvénients non seulement du *behaviorisme* mais aussi de l'*utilitarisme* au sens sociologique du terme c'est-à-dire la doctrine d'après laquelle le motif le plus crédible de l'action humaine, c'est l'intérêt personnel.

Les théories construites à partir des notions de valeurs de normes d'intériorisation et de socialisation appartiennent à la grande famille des conceptions dites « culturalistes » [2]. La

1. T. Parsons, *Essays in Sociological Theory*, *op. cit.*

2. R. Benedict, *Patterns of culture*, New York, Mariner Books, (1934) 2005 ; C. Geertz, *The Interpretation of Cultures*, New York, Basic Books, 1973.

notion de culture qui est mobilisée dans le culturalisme n'a pas de contenu évaluatif. Elle cherche seulement à expliquer les comportements humains en général, en insistant sur l'intériorisation des valeurs et des normes par les membres de la société. Il faut la distinguer de la notion qui est couramment utilisée quand on parle d'une personne « cultivée », en référence à son raffinement artistique ou intellectuel, avec une connotation positive évidente [1].

Les théories qui, contre les culturalistes, donnent une valeur explicative centrale aux notions d'intérêt personnel et d'échanges mutuellement avantageux appartiennent à la grande famille des conceptions « rationalistes » [2]. Les théories sociologiques de l'échange social de George Homans ou de Peter Blau sont de bons exemples de conceptions rationalistes [3].

Il n'est pas impossible de construire des conceptions culturalistes qui ne seraient pas entièrement fondées sur les idées d'intériorisation des normes et des valeurs, ou des théories rationalistes qui ne se réduiraient pas à l'explication par l'intérêt égoïste [4]. Mais je les laisserai de coté, car elles ne permettent pas de mettre en évidence ce que l'explication par les normes et les valeurs a de si particulier.

1. « Culturalism », dans N. Abercrombie, S. Hill et B. S. Turner (éd.), *Dictionary of Sociology*, London, Penguin Books, 1988.

2. E. B. Leacock (ed.), *The Culture of Poverty. A Critique*, New York, Simon et Schuster, 1971.

3. P. Abell, « Sociological Theory and Rational Choice Theory », dans B.S. Turner, (éd.), *The Blackwell Companion to Social Theory*, Oxford, Blackwell Publishers, 1996; G. Homans, « Social Behavior as Exchange », *American Journal of Sociology*, 63, 1958, p. 597-606; P. Blau, *Exchange and Power in Social Life*, New York, Wiley, 1964.

4. R. Boudon, *Raison, bonnes raisons*, Paris, P.U.F., 2003.

Quels sont les arguments des rationalistes, et pourquoi contestent-ils ce schéma culturaliste fondé sur les notions de valeur, de norme, d'intériorisation et de socialisation ?

QUELQUES RAISONS D'ÊTRE SCEPTIQUE À L'ÉGARD DE L'EXPLICATION DE L'ACTION PAR LES NORMES ET LES VALEURS

Pour comprendre l'argument des rationalistes dans ce qu'il a de plus spécifique, il faut bien voir que l'explication du comportement humain qu'ils proposent n'est pas du tout de type *historique*[1].

Le rationaliste devrait être en mesure d'éliminer de son explication toutes les hypothèses relatives à ce que l'agent « importe » dans la situation, à son « histoire personnelle » en quelque sorte.

Or, toute explication par les valeurs et les normes semble contenir une hypothèse « historique » de ce genre, puisque les valeurs et les normes sont censées être des états stables, produits en général par l'éducation, qui préexistent aux situations.

Si on appelle « habitude » ces états, on verra mieux pourquoi les rationalistes estiment qu'il est possible et préférable de les éliminer dans nos explications de l'action.

Il se peut que certaines habitudes facilitent la saisie de ce qu'il convient de faire dans une situation. Cependant, rien ne nous interdit de penser que, *même si ses habitudes venaient à disparaître, l'agent continuerait d'agir de la même manière*

1. A. Oberschall, « Règles, normes, morale : émergence et sanction », *L'année sociologique*, 44, 1994, p. 357-384.

qu'auparavant. Car même si ses habitudes disparaissaient, il n'en résulterait pas que sa tendance à vouloir obtenir un avantage maximal dans une situation donnée disparaîtrait aussi. Et, bien évidemment, même si ses habitudes disparaissaient, il n'en résulterait pas que les situations ou l'environnement dans lequel il agit changeraient aussi. De sorte que l'agent ferait ce qu'il a toujours fait, même s'il perdait ses habitudes, car ce qu'il fait n'est rien d'autre que ce qu'il a de mieux à faire dans une situation donnée, quelles que soient ses habitudes.

En résumé, les explications dites « rationalistes » tendent à éliminer les valeurs et les normes, sous le prétexte qu'une explication de l'action par ces motifs nous contraint d'endosser des thèses douteuses et inutiles sur la socialisation, l'éducation, l'inculcation et l'intériorisation.

Autrement dit, l'argument des rationalistes contre l'explication par les normes et les valeurs repose sur l'idée d'*économie épistémologique*.

Cet argument dit que l'explication par les normes et les valeurs mobilise les notions d'*inculcation* et d'*intériorisation* qui sont inutiles, puisque l'explication rationaliste est parfaitement capable d'en faire l'économie tout en conservant son pouvoir explicatif.

LA « CULTURE DE LA PAUVRETÉ »

La querelle autour de l'idée de « culture de la pauvreté » exprime assez bien ce conflit d'interprétations [1].

1. N. Duvoux, « Repenser la culture de la pauvreté », 5 octobre 2010, *La vie des idées.fr*, recension de D. J. Harding, M. Lamont, M. L. Small, (éd.),

Pour Oscar Lewis, l'inventeur de la notion de « culture de la pauvreté »[1], si certains individus demeurent pauvres dans des sociétés suffisamment riches, c'est en raison de l'éducation qu'ils ont reçue[2]. Ils n'apprennent pas, dès le plus jeune âge, à épargner et planifier leur existence. Ils s'habituent très tôt à vivre dans le présent, à ne pas remettre au lendemain les rares plaisirs que l'existence peut leur offrir.

Les critiques les plus virulents d'Oscar Lewis se réclament du rationalisme. Ils répondent que, même si les pauvres avaient appris à épargner et à planifier leur existence, ils ne pourraient pas le faire, étant donné l'environnement social et économique dans lequel ils grandissent. Ils estiment même que le fait pour les plus pauvres de ne pas épargner le peu qu'il possèdent et de ne pas remettre les plaisirs au lendemain, est une stratégie rationnelle, si on tient compte de leurs faibles ressources et de leur avenir bouché. Par ailleurs, si ces conditions changeaient, les pauvres épargneraient et planifieraient leur existence, en dépit de leur prétendue « mauvaise » éducation[3].

Bref, pour Oscar Lewis, ce qui explique la continuité intergénérationnelle des conduites des pauvres, c'est la transmission de valeurs ou de normes culturelles au cours de la prime éducation. C'est donc incontestablement un point de vue culturaliste, bien qu'on puisse être culturaliste sans penser que les plus pauvres possèdent une sorte de « sous-culture

Reconsidering Culture and Poverty, The Annals of the American Academy of Political and Social Science, Vol. 629, 2010.

1. O. Lewis, « The Culture of Poverty », *Scientific American*, 215, 1966, p. 19-25.

2. E. B. Leacock (éd.), *The Culture of Poverty. A Critique*, *op. cit.*

3. *Ibid.*

spécifique », qui serait distincte de celle des classes moyennes et accorderait plus de poids au présent qu'à l'avenir[1].

Pour les critiques d'Oscar Lewis, c'est la perpétuation de l'environnement social ou matériel, par rapport auquel les pauvres adoptent des stratégies ingénieuses ou rationnelles. Ces stratégies sont les plus avantageuses dans un environnement donné. C'est donc incontestablement un point de vue rationaliste, bien qu'on puisse être rationaliste sans considérer que les comportements économiques des plus pauvres sont nécessairement rationnels et correspondent à des stratégies de maximisation des avantages personnels dans un environnement donné.

Le débat autour de la culture de la pauvreté est complexe, et les deux positions antagoniques que j'essaie de dégager peuvent sembler caricaturales. Mais dans cette forme simple, ce débat peut servir à mettre en évidence le fait qu'à la base, il y a bel et bien deux schémas d'explication disponibles et radicalement opposés : le schéma rationaliste (l'explication par la maximisation de l'avantage personnel sous certaines contraintes) et le schéma culturaliste (l'explication par les normes et les valeurs inculquées au cours de la prime éducation).

Les deux posent des problèmes.

Questions aux rationalistes

Les objections rationalistes à l'explication par les normes et les valeurs ne sont pas décisives.

1. *Ibid.*

1) L'objection rationaliste dit que si les habitudes disparaissaient, le comportement resterait identique, dans un environnement constant. Mais on ne voit pas très clairement quel dispositif pourrait nous permettre de vérifier cette hypothèse. En réalité, l'argument rationaliste est de type *normatif*. Il dit ce que l'agent *devrait* faire, s'il était rationnel (au sens de la théorie), *quelles que soient* ses habitudes ou son éducation. En tant que tel, cet argument ne peut être ni réfuté ni confirmé par des épreuves empiriques.

2) Dans l'analyse rationaliste traditionnelle, l'existence de sanctions est un indice du fait que le système n'est pas entièrement rationnel ou parfaitement équilibré. Si l'échange est à l'avantage mutuel de tous, pourquoi faudrait-il qu'il soit renforcé par des sanctions [1] ? Mais il existe des situations dans lesquelles il peut être rationnel de faire « cavalier seul », c'est-à-dire de *profiter* du fait que les autres coopèrent sans coopérer soi-même. Sachant, par exemple, que tout le monde va apporter des sandwiches à un pique-nique, vous y allez sans rien apporter, en comptant sur le fait que vous pourrez toujours vous servir dans le panier commun. C'est ce qu'on appelle le problème du « free rider » ou du « passager clandestin », qui concerne toutes sortes d'actions collectives (syndicales, par exemple) dont on peut tirer des bénéfices sans avoir personnellement investi quoi que soit [2]. L'une des façons de résoudre le problème que pose les profiteurs consiste à les exclure des systèmes de coopération. Mais il n'est pas toujours possible de procéder ainsi. Pensez aux relations entre parents et enfants.

1. A. Oberschall, « Règles, normes, morale : émergence et sanction », *op. cit.*

2. M. Olson, *Logique de l'action collective*, trad. fr. par M. Levi, Paris, P.U.F., (1965) 1978.

C'est un système de coopération dans lequel l'un des participants peut jouer au profiteur, ou faire « cavalier seul », *sans courir le risque d'être exclu de la partie.* Les enfants peuvent se comporter de façon monstrueuse, détruire les biens familiaux, ridiculiser leurs parents, sans que ceux-ci *puissent choisir d'autres enfants plus coopératifs.* Dans ces conditions, ceux qui coopèrent (les parents, les enseignants, etc.) peuvent avoir intérêt à mettre en place un système de sanctions visant à contrôler ceux qui pourraient être tentés de ne pas coopérer sans courir le risque d'être exclus de la partie (les enfants) [1].

Que reste-t-il de rationnel dans ces formes de coopération ? La réponse la plus raisonnable qui ait été apportée repose sur l'idée de socialisation et d'intériorisation. Etant donné que les sanctions sont douloureuses, il vaut mieux les éviter et la meilleure façon de les éviter, c'est de ne pas être tenté de s'y exposer, ce que l'inculcation et l'intériorisation peuvent garantir [2].

De tout ceci, il ressort que si le rationaliste veut étendre le domaine d'application de sa théorie en dehors des situations d'équilibre parfait, il risque d'être dans l'obligation de recourir aux notions d'inculcation et d'intériorisation qu'il souhaitait précisément éliminer.

Questions aux culturalistes

Il serait absurde d'envisager la possibilité qu'il existe, pour toute circonstance déterminée, une loi indiquant ce qu'il

1. A. Oberschall, « Règles, normes, morale : émergence et sanction », *op. cit.*

2. *Ibid.*

convient de faire et de ne pas faire. Et c'est bien pourquoi, l'application des lois nécessite, selon certains philosophes, l'appel à des principes généraux non légaux[1]. Cependant, il n'est pas impossible d'essayer de déduire une partie, au moins, des prescriptions particulières à partir du contenu des lois générales.

Dans le cas des normes sociales, la situation est encore plus complexe. Il est absurde d'envisager la possibilité qu'il existe pour toute circonstance particulière une norme indiquant ce qu'il faut faire ou ne pas faire. Mais, de plus, on n'a même pas la possibilité de s'appuyer sur quelques principes généraux ou normes générales explicites pour essayer de déduire, pour ainsi dire, les solutions particulières appropriées.

Il semble bien qu'on ne puisse pas savoir *a priori* s'il existe une norme nous interdisant de proposer de l'argent à quelqu'un pour prendre sa place dans une file d'attente devant un cinéma[2]. Au cas où une tentative de ce genre échouerait, il serait aussi difficile de savoir si les raisons de l'échec sont liées au fait que la norme interdisant d'acheter sa place dans une file d'attente est déduite d'une norme plus générale condamnant la corruption (on ne peut pas tout acheter), ou d'un quelconque autre principe général, auquel nous n'avons pas pensé, mais qui serait forcément aussi contestable, car ce genre de principe n'est nulle part explicité.

Par ailleurs, la question se pose aussi d'identifier la norme effectivement suivie par un agent (lorsqu'on fait l'hypothèse qu'il en suit une).

1. R. Dworkin, *L'empire du droit* (1986), trad. E. Soubrenie, Paris, P.U.F., 1994.

2. J. Elster, *Nuts and Bolts for the Social Sciences*, Cambridge, Cambridge University Press, 1989, p. 115.

On se trouve alors confronté à une difficulté que certains exégètes de Wittgenstein ont bien identifiée [1].

Le fait que quelqu'un ait ajouté 2 à chaque chiffre dans une série allant de 0 à 10 ne nous permet pas de *prédire* qu'il passera ensuite à 12 et non à 15 ou à 18.

Le fait qu'il ait ajouté 2 à chaque chiffre jusqu'à 10 est *compatible* avec une règle disant d'ajouter 2 à chaque chiffre et avec une autre disant d'ajouter 2 à chaque chiffre jusqu'à 10, et 5 ou 8 par la suite. Finalement, on ne peut pas identifier la règle véritablement suivie par l'agent, mais seulement faire des hypothèses sur ses conduites futures en nous fiant à différentes recettes pragmatiques, et en tenant compte de nos attentes habituelles.

À supposer cependant qu'on soit capable d'identifier la norme effectivement suivie par l'agent, le motif pour laquelle il la sult resterait encore à découvrir.

Ainsi, les Balinais seraient censés se conformer à des normes de réserve et de déférence si strictes qu'on a pu parler d'« hyperpolitesse » pour caractériser leurs conduites [2]. Par ailleurs, les normes de ségrégation sexuelle seraient inexistantes chez eux. Cependant, il existerait un contexte dans lequel ces deux normes seraient violées : celui qui se forme autour des combats de coqs.

Le combat de coqs est la seule activité sexuellement différenciée. C'est aussi la seule où la réserve, l'hyperpolitesse sont complètement abandonnés et où les débordements affectifs sont tolérés (les coqs sont cajolés, embrassés, chéris,

1. S. Kripke, *Règles et langage privé. Introduction au paradoxe de Wittgenstein*, trad. fr. par T. Marchaisse, Paris, Seuil, (1982)1996.

2. C. Geertz, *The Interpretation of Cultures*, *op. cit.*

insultés, etc.). Les spectateurs des combats n'arrêtent pas de vociférer. Ils se lancent dans des paris énormes qui peuvent causer leur ruine, etc.

La plupart des anthropologues admettent l'existence de cette sorte d'énigme, mais ils sont profondément divisés sur son explication. En voici trois.

1) Les Balinais désirent protester contre la politique moderniste des autorités et croient qu'ils peuvent exprimer ce désir en organisant des combats de coqs, activité traditionnelle devenue illégale.

2) Les Balinais désirent exprimer leur identité masculine dans une société où les différences sexuelles sont peu marquées et croient qu'ils peuvent le faire en organisant des combats de coqs d'où les femmes sont exclues.

3) L'importance des combats de coqs, pour les Balinais, tient au fait qu'ils sont l'occasion d'exprimer leurs angoisses face aux incertitudes liées à l'éducation des enfants, et aux dangers qui les menacent. Les coqs de combat sont en effet comme des enfants : ils sont chéris, choyés, nourris, soignés et ils sont exposés aux plus grands dangers.

On a donc plusieurs motifs différents pour expliquer le comportement qui consiste à suivre la norme. Ce genre d'études d'inspiration culturaliste donne de bonnes raisons de séparer le problème de l'identification de la norme et celui de la découverte des motifs de suivre la norme. Mais une autre question dérivée n'est pas abordée dans ces études. Elle est celle de savoir pourquoi une norme est tantôt suivie et tantôt pas.

L'EXPLICATION PAR LES NORMES ET LES VALEURS N'EST-ELLE PAS TROP SUPERFICIELLE?

Il arrive qu'un individu tue sa sœur parce qu'elle a une relation sexuelle en dehors du mariage et déclare, pour sa défense, qu'il n'a rien fait d'autre que son « devoir », en allant même *contre* ses sentiments personnels[1]. Les « culturalistes » admettront probablement l'explication en la traduisant dans le vocabulaire théorique des normes et des valeurs[2]. Ils diront que cet individu a suivi le « code de l'honneur » en vigueur dans sa culture, c'est-à-dire un ensemble de normes et de valeurs qui lui demandent de « laver l'honneur familial dans le sang ». Mais il arrive que des individus tuent leur sœur soi-disant par respect de leur devoir ou par conformité aux normes et aux valeurs de leur groupe d'appartenance, mais se montrent moins intransigeants par rapport à d'autres devoirs, d'autres normes ou d'autres valeurs, qui n'ont pas moins d'importance dans leur culture[3]. Il arrive aussi à des individus de *ne pas tuer* leur sœur même si le devoir, les normes et des valeurs de leur culture le commande. Personne n'est culturellement parfait.

La question qui se pose donc en réalité est de savoir pourquoi on se conforme parfois aux normes et aux valeurs de sa culture et parfois pas. Or à cette question, les partisans de l'explication du comportement humain par l'intériorisation des normes et des valeurs ont du mal à répondre. Ils sont obligés de faire appel à des motivations universelles

1. Exemple examiné dans R. Ogien et C. Tappolet, *Les concepts de l'éthique. Faut-il être conséquentialiste ?* Paris, Hermann, 2009, p. 27-29.

2. G. Rocher, *L'action sociale*, Montréal, Hurtebise, 1969, p. 56-68.

3. M. Gluckman, (éd.), *Closed Systems and Open Minds : The Limits of Naïvety in Social Anthropology*, London, Oliver and Boyd, 1964.

irréductibles aux normes et aux valeurs locales : des motivations comme l'intérêt matériel égoïste, la crainte des sanctions sociales, la recherche de prestige ou de pouvoir, des sentiments ou des raisons morales universelles, etc. Mais c'est à ce niveau que devrait se situer l'*explication*.

On peut donc se demander si l'explication des conduites humaines par les normes et les valeurs n'est pas trop superficielle, si elle ne se contente pas de nous dire comment les membres d'une société peuvent *justifier leurs conduites en public*, en laissant dans l'ombre les motifs qui orientent concrètement leurs comportements.

CONCLUSION : COMMENT SE DÉBARRASSER DE L'IDÉE QUE LES NORMES SOCIALES SONT UNE « SECONDE NATURE »

Du point de vue de l'explication, on peut voir les normes sociales comme une *seconde nature* inculquée durant le processus de socialisation. C'est le point de vue de Parsons et des culturalistes. On peut les voir aussi comme une *ressource* que les agents utilisent quand cela leur convient. C'est le point de vue des partisans de la théorie de l'échange social et d'autres rationalistes.

Certains penseurs des sciences sociales essaient de trouver un compromis entre ces deux façons de voir les normes sociales[1].

D'autres se contentent de décrire comment ces deux explications sont construites par les sociologues et les anthropologues, en comptant sur le fait que cette description

1. P. Bourdieu, *Esquisse d'une théorie de la pratique, précédé de trois études d'ethnologie kabyle*, Paris, Seuil, (1972) 2000.

suffira à montrer les limites de ces grandes théories sociales. Ils se réclament de l'ethnométhodologie [1].

Harold Garfinkel, qui est à l'origine de ce programme de recherche [2], s'est plus particulièrement intéressé aux procédés au moyen desquels les culturalistes de type parsonien fabriquaient ce qu'il appelle drôlement des « idiots culturels » ou des « idiots dépourvus de jugements ». C'est l'une des contributions les plus importantes à la recherche dans les sciences humaines contemporaines, même si elle n'est pas facile à lire et à comprendre.

Pour Garfinkel, il suffit d'examiner des comportements dans certaines situations de tension émotionnelle pour produire un « idiot culturel ». Proposez, par exemple, à un ami d'aller négocier le prix d'un éclair au chocolat dans une pâtisserie du quartier, prix qui, selon les principes de Parsons, ne devrait pas être négociable en raison de l'existence, dans nos sociétés, de l'institution du « prix unique ».

Votre ami présentera probablement certains symptômes de peur ou de honte anticipée. Il s'attendra aussi à ce que le pâtissier soit furieux ou anxieux. Si vous en restez là, vous n'aurez aucun mal à le convaincre de l'existence de règles, de normes, de valeurs « intériorisées ». Mais supposons que vous arriviez à le décider à négocier le prix de l'éclair au chocolat, en lui disant que c'est indispensable pour son apprentissage de sociologue. Il est probable qu'il surmontera progressivement sa peur. Il s'apercevra alors que le respect de la norme du prix unique n'est pas comme une « seconde nature ». C'est quelque

1. M. de Fornel, A. Ogien, L. Queré, (éd.), *L'ethnométhodologie. Une sociologie radicale*, Paris, La Découverte, 2001, p. 57-74.

2. H. Garfinkel, *Recherches en ethnométhodologie*, trad. fr. par M. Barthélémy, B. Dupret, J.-M. de Queiroz, L. Quéré, Paris, P.U.F., 2007.

chose qui peut disparaître lorsque l'échange est engagé. Le pâtissier peut invoquer l'existence de la norme et votre ami peut employer différents stratagèmes pour la contourner. Mais dans la négociation, la norme sociale perdra cette image d'une force interne qui pousse l'agent à l'action et oriente ses conduites. Elle deviendra une sorte d'objet extérieur. On peut discuter des normes et des règles, les préciser ou les modifier, les vérifier ou les exploiter. C'est, du moins, ce que votre ami finira par comprendre s'il cesse d'être terrorisé.

Bref, il saisira que les normes sociales ne sont pas des *motifs internes* mais des *ressources externes*. Or c'est exactement ce que les rationalistes nous demandent de reconnaître. Les méthodes de Garfinkel nous permettent de comprendre pourquoi ce point de vue n'est pas du tout indéfendable. Mais Garfinkel lui-même est loin d'endosser la théorie de l'agent rationnel. Il la voit comme une construction abstraite, plaquée sur le monde social concret, qui nous empêche d'en comprendre le fonctionnement effectif [1].

On peut ne pas partager les réserves de Garfinkel à l'égard de la théorie de l'agent rationnel en particulier, et de toute forme de théorisation sociologique en général. Ce qu'on peut retenir de ses analyses, cependant, c'est qu'il est parfaitement possible de reconnaître que les normes sociales sont des ressources externes et non des motifs internes, tout en maintenant une distance critique à l'égard de la théorie de l'agent rationnel.

1. H. Garfinkel, *Recherches en ethnométhodologie*, *op. cit.*

L'INTERACTION

L'interaction apparaît comme un curieux animal dans le bestiaire des sociologues, un animal à la marge que l'on a bien du mal à classer dans les grandes espèces connues et dont on se demande, somme toute, s'il est bien intéressant à exhiber au public. Si le sociologue étudiant les classes sociales, les relations de travail ou encore l'endogamie matrimoniale jouit d'une pleine légitimité, celui qui consacre ses journées à l'analyse des salutations, des déambulations des piétons dans les artères citadines et des jeux de mots des serveurs aux terrasses des cafés, risque fort de passer pour un aimable dilettante, proposant, certes, des analyses savoureuses mais dénuées de véritables enjeux. Trop anecdotiques, pas assez systématiques, tels sont les reproches souvent adressés à l'encontre des recherches menées en microsociologie, suivant l'appellation consacrée pour désigner l'étude de ces miettes de la vie sociale. Pourtant, prendre au sérieux l'interaction comme un authentique objet sociologique, comme une réalité sociale consistante nécessitant une méthode d'investigation originale, s'avère un risque qui vaut la peine d'être couru.

En effet, l'interaction pouvant se définir, de manière liminaire, comme l'action réciproque engagée par les partenaires d'un échange, interroge les sciences sociales au moins à trois niveaux recoupant des domaines essentiels pour la philosophie. Elle permet de poser la question de l'extension du domaine du social, ce qui soulève, de la sorte, un enjeu ontologique se doublant d'un enjeu pratique mais aussi épistémologique.

Si cette écume de nos relations ordinaires que sont les excuses, les remerciements et autres interactions peut être élevée à la dignité d'objet sociologique, il faut comprendre que le social se niche là où on ne l'attendait pas, dans ce qui semblait relever d'une psychologie intersubjective laissée à la discrétion de chacun. Pas plus que l'on ne peut modifier les règles du mariage, on ne se salue comme l'on veut : les deux événements sont, au même titre, des institutions normées. Or la sociologie n'est-elle précisément pas née, dans sa version française du moins, de cette volonté d'arracher à la psychologie un certain nombre d'objets d'étude dont on ne pouvait rendre compte à partir des motivations individuelles mais seulement des règles ou des normes sociales ? En ce sens, la promotion scientifique de l'interaction constitue le prolongement du geste théorique d'Émile Durkheim et de sa célèbre analyse du suicide dans l'étude du même nom. Elle pose ainsi la question du partage entre ce qui relève du champ social et ce qui constitue son dehors ainsi que des critères qui vont permettre d'opérer cette distinction entre deux strates de la réalité : toute interaction est-elle sociale et en quel sens ?

De manière plus précise, si l'on reprend le critère durkheimien de la contrainte comme signe de la présence du social[1], l'étude de l'interaction permet d'interroger de

1. Voir É. Durkheim, *Les règles de la méthode sociologique*, Paris, P.U.F., (1894)1997, p. 101.

manière fine le processus d'obéissance des individus aux représentations collectives et de poser un certain nombre de questions qui intéressent la philosophie de l'action. En effet, révéler les différentes modalités des structures normatives dans lesquelles s'insèrent les interactions permet de souligner la force de la pression sociale et de questionner la marge de manœuvre dont dispose tout un chacun à son égard. Mais faut-il passer d'un excès à l'autre et considérer les participants de l'interaction comme entièrement passifs, de sorte que la normativité sociale déterminerait de manière mécanique les individus réduits à de simples automates ? Entre la version psychologique « libertarienne » de l'interaction (j'agis avec autrui selon mon bon plaisir) et la version sociologique « dictatoriale » (la société me façonne à agir selon son bon vouloir), comment penser l'interaction comme une authentique *action* sociale sans minorer ni l'activité du sujet ni la présence d'éléments sociaux ?

Cette réflexion ontologique et pratique débouche sur un problème épistémologique : quelle analyse mettre en place pour l'étudier l'interaction ? Si l'interaction ne constitue pas un objet social, alors la psychologie aura toute latitude pour en rendre compte mais si ce n'est pas le cas, il faut alors recourir à une méthode sociologique. Certes, mais encore faut-il savoir laquelle. Doit-on souscrire à l'individualisme méthodologique en considérant que toute sociale que soit l'interaction, elle s'apparente à un effet émergent, dérivé de la seule agrégation des comportements individuels des participants[1] ? Bien évidemment, cette option est étroitement corrélée à une compréhension faible de la détermination sociale : si l'effet

1. Voir R. Boudon, *La logique du social*, Paris, Hachette, 1990.

émergent peut exercer une action non désirée sur les acteurs, il n'empêche qu'il procède à l'origine de leur décision. Ou doit-on recourir au holisme méthodologique, en bannissant tout élément individuel de l'explication, pour ne faire intervenir que des facteurs sociaux, fort de l'adage durkheimien selon lequel « un fait social ne peut être expliqué que par un autre fait social »[1] ? Mais dans ce cas, quels sont les faits sociaux à mobiliser ? Si l'interaction se présente comme un objet social, elle n'en demeure pas moins une réalité spécifique nécessitant, par là même, une méthode respectueuse de sa singularité au sein des autres êtres sociaux. Sans équivoque, cette branche de l'alternative renvoie à une compréhension forte de la détermination sociale, dans la mesure où elle met entre parenthèses la motivation individuelle.

Ainsi l'interaction interroge-t-elle les limites du social, pose-t-elle la question du rapport entre l'individu et les normes au cœur des actions les plus ordinaires de la vie quotidienne et met-elle en jeu la capacité des sciences sociales à forger une méthode adéquate pour l'appréhender sans la dénaturer. Pour aborder ces différents points, nous nous pencherons tout d'abord sur l'origine de la notion dans la sociologie allemande de Georg Simmel, en lui faisant crédit de la nature sociale de l'interaction, avant de présenter deux manières différentes de développer une analyse de l'interaction : d'un côté l'interactionnisme symbolique de Herbert Blumer et de Anselm Strauss, qui propose une compréhension faible de la normativité sociale et recourt, par conséquent, à une méthode que l'on peut qualifier d'individualiste et de l'autre, « l'inter-

1. É. Durkheim, *Les règles de la méthode sociologique*, *op. cit.*, p. 143.

actionnisme réaliste »[1] d'Erving Goffman qui met en évidence, pour sa part, une normativité extrêmement forte, n'excluant pas pour autant l'action des participants, ce qui donne un tour particulier à son holisme méthodologique. Si les développements proposés par l'interactionnisme symbolique soulèvent un certain nombre de difficultés, l'interactionnisme réaliste semble à même de les résoudre en permettant de comprendre, grâce à une épistémologie convaincante, la nature de l'objet social étudié et la manière dont il oriente le comportement.

L'ACTION RÉCIPROQUE DANS LA SOCIOLOGIE DE GEORG SIMMEL

L'interaction a été initialement conceptualisée sous le terme d'action réciproque (*Wechselwirkung*) par Georg Simmel, en 1890, dans *Über soziale Differenzierung*[2]. Si l'analyse du sociologue allemand, très abstraite mais d'une grande portée théorique, pose les principaux jalons de la notion, elle n'est cependant pas dénuée d'ambiguïtés dont hériteront les sociologues américains de l'École dite de Chicago, appellation unitaire qui masque pourtant bien des divergences.

1. Voir A. Ogien, « Le remède de Goffman ou comment se débarrasser de la notion de sujet », *Les règles de la pratique sociologique*, Paris, P.U.F., 2007, n. 1 p. 229.

2. G. Simmel, *Über soziale Differenzierung* (1890), *Georg Simmel. Gesamtausgabe*, Frankfurt am Main, Suhrkamp, 1989, vol. 2, p. 109-295.

Une épistémologie spécifique pour un objet spécifique

Sans ambiguïté, Simmel considère non seulement l'interaction comme une réalité sociale, irréductible à une composante purement individuelle, mais la promeut même au rang d'objet principal de sa sociologie. Sa méthode peut se caractériser comme une méthode d'abstraction cherchant à dégager de la fange des événements particuliers de la vie sociale ce qu'il nomme des formes universelles de la socialisation (*die Formen der Vergesellschaftung*) ou encore des actions réciproques. Il s'agit d'extraire des matériaux vivants et des motivations psychiques individuelles, les formes qui les configurent, afin d'offrir à la sociologie un objet spécifique qui la légitime comme science autonome. Ce sont ces formes qui, selon Simmel, constituent le principe de structuration du social en assurant l'unité. Selon sa formule célèbre, « il y a société là où il y a action réciproque de plusieurs individus »[1].

Concevoir la société comme la somme des actions réciproques impose de se pencher sur l'infiniment petit, sur les multiples relations entre les individus habituellement dédaignées par les sociologues au profit des institutions. Simmel affirme qu'il convient « de consacrer à ces modes de relation apparemment insignifiants une attention d'autant plus grande que la sociologie a pour coutume de ne pas les voir »[2]. Il est, en ce sens, le promoteur de la microsociologie, usant d'un microscope pour exhiber la structure sous-jacente des réalités immédiatement visibles.

1. G. Simmel, *Sociologie*, Paris, P.U.F., (1908) 1999, p. 43.
2. *Ibid.*, p. 57.

Si Simmel a pu comparer sa méthode à celle de la géométrie[1] dans la mesure où cette dernière abstrait des corps empiriques la spatialité pure, c'est certainement avec la méthode grammaticale qu'elle offre la plus grande analogie[2]. En effet, la grammaire dégage la syntaxe des phrases de leur contenu sémantique : une même fonction grammaticale peut être assurée par une variété presque illimitée de suites de mots de la même manière qu'une même forme d'interaction peut obéir à des intérêts différents. Pour le dire de manière ramassée, une même forme peut enfermer une multitude de contenus et un même contenu peut être embrassé par différentes formes. Simmel s'emploie ainsi à mettre au jour ces formes de la socialisation indépendamment de leurs matériaux. Dans cette perspective, il dégage des catégories massives comme la domination, la subordination, la division du travail, la concurrence, l'imitation, la représentation, la solidarité, etc., dont nous connaissons suffisamment de manifestations pour savoir qu'un même type peut s'appliquer à des contenus empiriques fort différents.

La société n'est alors pas comprise comme une entité substantielle mais relationnelle n'existant que dans des processus particuliers sans cesse reconfigurés. De la même manière que l'organisme émerge de ses tissus élémentaires, la société unifiée émerge de ces multiples interactions. Sans les flux qui parcourent celles-ci, celle-là serait éclatée en une infinité de systèmes discontinus. En réajustement permanent, elle est agitée de mouvements incessants, sa trame se déchire

1. *Ibid.*, p. 49.

2. Voir G. Simmel, « Questions fondamentales de la sociologie » (1917), *Sociologie et épistémologie*, Paris, P.U.F., 1981, p. 101.

et se raccommode mais n'en demeure pas moins *une*, en raison des relations sous-jacentes. Reste à identifier avec précision la manière dont les différentes formes d'interactions s'articulent entre elles.

Des formes de la socialisation aux formes a priori

Dans cette perspective, Simmel en vient à chercher les formes *a priori* rendant possibles les formes de la socialisation. Chez le sociologue allemand, la notion de forme est, en effet, double : elle désigne aussi bien *le principe de structuration du social* (formes de la socialisation) que *le principe synthétique de la théorie de la connaissance le rendant possible* (formes *a priori*). Dans *l'excursus* au *Problème de la sociologie*, « Comment la société est-elle possible ? », Simmel approfondit sa sociologie formelle en remontant aux conditions de possibilité du social, immanentes à la psychologie individuelle :

> quel est donc le fondement tout à fait général et *a priori*, quelles sont les conditions qui permettront que les faits isolés, concrets, deviennent vraiment des processus de socialisation dans la conscience individuelle, quels éléments contiennent-ils pour qu'ils aboutissent, en termes abstraits, à la production d'une unité sociale à partir d'individus ?[1].

Une telle recherche implique de considérer les formes de la socialisation comme une conséquence de l'activité psychique. Simmel s'inspire ici de l'analyse menée par Emmanuel Kant dans la *Critique de la raison pure*. Pour rendre compte de l'unité de la représentation que nous avons de la nature,

1. G. Simmel, *Sociologie*, *op. cit.*, p. 67.

ce dernier mobilise des formes *a priori* constitutives de notre entendement, ordonnant le flux bigarré de la sensation de manière à en former une représentation objective. De la même manière, Simmel cherche un principe structurant en amont des formes de la socialisation. Cependant, la question de l'unité de la société ne se traite pas exactement de la même manière que celle de l'unité de la nature. En effet, cette dernière se réalise grâce à une synthèse extérieure opérée par un sujet observateur, or nous ne pouvons adopter une telle position de spectateur lorsque nous percevons la société. Nous en sommes les éléments constitutifs et réalisons son unité en son sein même : la société ne peut avoir de consistance propre que si nous avons conscience d'en faire partie en formant société avec les autres. À la différence de la conscience du sujet kantien face à la nature, la conscience du sujet simmelien n'est pas transcendantale mais *immanente* au processus unifié. Les formes *a priori* permettant l'unification de la société apparaissent donc comme des « conditions *a priori* contenues dans les éléments eux-mêmes par lesquelles ils se lient concrètement pour former la synthèse "société" »[1]. Mais cette différence entre l'unité de la société et celle de la nature véhicule une ambiguïté sur la localisation de ces formes *a priori*. Elles appartiennent à la fois à la conscience des éléments unifiés (les individus) et au résultat de cette unification (la société), pour autant que la société s'identifie à la somme des interactions. De sorte que Simmel peut écrire que les *a priori* sociologiques déterminent « les faits de socialisation réels comme fonctions ou activités de l'activité psychique » et qu'ils « représentent les conditions

1. *Ibid.*, p. 66.

idéales, logiques de la société parfaite »[1]. En bref, les formes *a priori* de la socialisation sont à la fois *psychologiques* et *sociales*. Cette double nature se retrouve naturellement dans le phénomène de la socialisation qui peut se définir à la fois comme la conscience progressive d'appartenir à la société et comme l'ensemble des processus pratiques d'actions réciproques entre les individus. Les formes *a priori* apparaissent donc comme des *procédures mentales* universelles partagées par tous les individus à l'origine des *actions réciproques* dans lesquelles elles s'incarnent. La constitution de la société s'avère de nature cognitive, pour autant que les *a priori* mentaux la rendant possibles sont socialisants et donnent lieu à des interactions. Mais en quoi consistent ces formes *a priori* de la socialisation ?

La première est celle du rôle. Chaque individu se voit perçu par les autres sur la base d'une généralisation qui superpose à l'image fragmentaire de sa personne sa position générale dans la société. La personne que nous avons en face de nous sera vue comme un bourgeois, un catholique, un étudiant, etc. Chacun complète l'image de la personne en face de lui à partir des attributs sociaux de la classe ou de la catégorie sociale à laquelle elle appartient. Toute compréhension d'autrui opère ainsi par typification : « Nous nous représentons chaque homme, avec les conséquences particulières que cela implique pour notre comportement à son égard, comme le type humain auquel son individualité le fait appartenir, nous le pensons, malgré toute sa singularité, dans une catégorie générale »[2].

1. G. Simmel, *Sociologie*, *op. cit.*, p. 67.
2. *Ibid.*, p. 68.

La deuxième est celle de l'individualité. L'individu s'avère irréductible à sa simple appartenance sociale. Si les différents rôles sociaux sont standardisés, il n'en demeure pas moins vrai que l'interprétation de ces « emplois » exprime toujours une singularité. Cet *a priori* assure donc l'unité paradoxale dans l'agent de l'existence sociale et de l'existence individuelle[1].

La troisième forme *a priori* est celle de la structure. La société doit se comprendre comme une structure idéale où chaque élément a une place prédestinée en étroite relation avec les positions des autres parties[2].

Les ambiguïtés de l'analyse de Simmel

Simmel, en remontant des formes de la socialisation ou interactions aux formes *a priori* qui les conditionnent, met en évidence les dispositions cognitives que les individus doivent nécessairement posséder pour que quelque chose comme la société puisse émerger. Son existence dépend du déploiement incessant des interactions grâce au partage d'un certain savoir social. Pourtant, cette analyse n'est pas dénuée d'ambiguïtés qui vont donner lieu à des interprétations divergentes au sein de l'École de Chicago. On désigne sous ce nom un courant de sociologie qui s'est développé dans l'Université de la ville du même nom au début du XXe siècle jusque dans les années 1960[3] et a choisi l'interaction comme objet d'enquête privilégié, en se réclamant dans un certain nombre de textes

1. *Ibid.*, p. 75.
2. *Ibid.*, p. 77.
3. Voir J.-M. Chapoulie, *La tradition sociologique de Chicago*, Paris, Seuil, 2001.

fondamentaux[1] de l'œuvre de Simmel. Cette référence continentale s'explique par le cursus universitaire d'un des pères fondateurs, Robert Ezra Park, qui suivit dans sa jeunesse les cours du sociologue allemand à Berlin.

Si l'analyse de Simmel a le mérite de chercher à élucider l'ancrage cognitif de l'interaction en montrant que la société suppose un sens commun qui s'avère également un savoir-faire, et brouille par là même les frontières entre psychologie et sociologie, elle reste relativement floue sur la manière dont s'opère le partage des formes *a priori*, de sorte qu'elle est susceptible de donner lieu à des lectures très psychologisantes ou très socialisantes.

À la manière de Herbert Blumer et des partisans de l'interactionnisme symbolique, on peut soutenir que la forme relativement indéterminée, très abstraite, est négociée à chaque fois par les participants en présence, en mettant de la sorte son caractère *a priori* au second plan. À l'inverse, en adoptant un interactionnisme réaliste à la Erving Goffman, on peut penser qu'elle constitue une contrainte sociale très forte qui s'impose aux interactants. Les premiers majorent la dimension psychologique de l'analyse en réduisant sa composante proprement sociale, le second opère le mouvement contraire en ayant tendance à externaliser l'*a priori* dans la situation sociale dans laquelle s'inscrit l'interaction.

Ces deux options interprétatives mettent en évidence les problèmes ontologiques et épistémologiques liés à la compréhension de l'interaction :

1. Voir notamment R. E. Park et E. W. Burgess, *Introduction to the Science of Sociology*, Chicago and London, The University of Chicago Press, 1921.

1) Si l'interaction est une réalité sociale, sa teneur sociale réside-t-elle simplement dans son caractère réciproque ou faut-il faire intervenir une normativité plus forte que la contrainte exercée par la seule influence mutuelle ?

2) Puisque l'interaction met en présence deux individus, comment rendre justice à son caractère social sans nier pour autant la nature de ses composants ?

L'INTERACTION COMME SYMBOLE

Cette première ligne interprétative est proposée par le sociologue américain Herbert Blumer qui invente l'expression d'interactionnisme symbolique en 1937 dans un article « Social Disorganization and Personal Disorganization »[1]. Il donne, ce faisant, une lecture très psychologique et individualiste du concept simmelien, minimisant le caractère *a priori* de la forme structurant l'interaction pour la comprendre comme une simple réalité dérivée engendrée par les acteurs. Selon lui, les significations sociales sont « produites par les activités interagissantes des acteurs »[2]. Autrement dit, lorsque nous nouons des interactions les uns avec les autres, lorsque nous nous saluons, allons acheter notre baguette de pain ou nous bousculons dans une rame de métro, nous ajustons nos comportements les uns aux autres de manière à produire du sens, sans que pèsent sur nous des règles sociales nous prescrivant comment nous comporter. Chaque interaction est une scène singulière où les deux participants *inventent* leur

1. H. Blumer, « Social Disorganization and Personal Disorganization », *American Journal of Sociology*, vol. 42, 1937, p. 871-877.

2. H. Blumer, *Symbolic Interactionism: Perspective and Method*, Englewodd Cliffs, NJ, Prentice-Hall, (1938) 1969, p. 5.

texte. Ainsi Blumer considère-t-il qu'il y a bien une forme au-delà de l'interaction mais elle est moins présente en amont qu'en aval, moins *a priori* qu'*a posteriori*, moins structurante que construite. Sont rattachés à l'interactionnisme symbolique un certain nombre d'autres sociologues américains comme Anselm Strauss, Norman Denzin ou encore Charles Keller.

La construction toujours recommencée d'un sens partagé

Pourquoi des significations émergent-elles au cours de l'interaction? En raison du caractère symbolique de nos comportements. Les comportements verbaux et physiques de chaque interactant sont autant de signes donnés à lire à l'autre participant qui les interprète avant d'émettre, à son tour, une réponse dotée de sens qu'il appartient à l'autre de comprendre. Si Blumer place au centre de son analyse la capacité d'auto-réflexion des agents et la capacité de se mettre à la place de l'autre, notions mises en avant par le philosophe pragmatiste George Herbert Mead[1], il minimise l'élément normatif de l'analyse de ce dernier pour insister, au contraire, sur la labilité du processus. Il s'effectue par tâtonnement sans que les participants disposent de significations universelles s'imposant à eux. La signification des interactions n'est ni sociale ni externe (fichée dans le comportement des acteurs en présence) mais intersubjective et interne : elle s'élabore de manière conjointe par une influence réciproque nécessitant une interprétation mentale.

Ainsi le sens n'est-il pas partagé une fois pour toute mais doit être repartagé à chaque fois, de sorte que chaque interaction est non seulement unique mais dessine également

1. Voir G. H. Mead, *L'esprit, le soi et la société*, Paris, P.U.F., (1934) 2006.

une situation singulière[1]. Par exemple, il n'existe pas un type général d'interaction d'excuses : l'interaction mettant en présence deux personnes se bousculant dans le métro et celle réunissant deux piétons entrant en collision sur un trottoir n'ont rien à voir l'une avec l'autre. Et la bousculade entre Marie et Jeanne n'est pas la même que celle entre Anne et Laure : chacune est originale et contribue à définir une situation à nulle autre pareille. La variété des situations est corrélée à celle des rencontres : une situation, à chaque fois distincte, naît lorsque deux individus se croisent et s'évanouit à leur séparation. L'expérience est indéterminée, l'action imprévisible et notre interprétation toujours entachée d'incertitudes. Ainsi que le préconise Blumer, « nous ne devons pas nous attacher à autre chose qu'à ce qui donne à chaque cas son caractère particulier, et nous ne devons pas nous restreindre à ce qui est en commun avec d'autres cas dans une classe »[2]. Il ne cessera jamais d'insister sur ce nominalisme ontologique qui déborde la seule situation : chaque objet du monde possède un caractère distinctif, particulier et unique et ne doit pas, à ce titre, être subsumé sous une catégorie plus vaste qui le dénaturerait.

Ainsi la perspective symbolique implique-t-elle une étroite corrélation entre situation et évaluation subjective de l'acteur, de sorte que la situation peut se définir comme le sens conféré à un événement par les interprétations des individus

1. Voir G. Gonos, « "Situation" versus "Frame" : The "Interactionist" and "the Structuralist" Analyses of Everyday Life » (1977), dans G. A. Fine et G. W. H. Smith (éd.), *Erving Goffman*, London, Thousand Oaks-New Delhi, Sage Publications, 2000, vol. IV, p. 33.

2. H. Blumer, *Symbolic Interactionism : Perspective and Method, op. cit.*, p. 148.

qui y participent, dépendant à la fois de leur constitution et des circonstances extérieures. Etrangère à la notion d'ordre, elle peut être entièrement ramenée aux émotions, motifs et autres intentions individuels[1] et apparaît moins typique qu'événementielle, moins reproductrice que créatrice.

L'ordre social comme ordre négocié

L'analyse de Anselm Strauss se présente comme une amplification de celle de Blumer. En effet, convaincu du caractère construit des significations se déployant dans les interactions, il n'hésite pas à qualifier l'ordre social d'« ordre négocié »[2]. Dans son étude réalisée dans un hôpital psychiatrique, il met en évidence la manière dont les interactions entre les différents acteurs – malades, visiteurs, personnel hospitalier – ne sont pas régies par des règles rigides mais contribuent, au contraire, à les renégocier sans cesse par un jeu d'ajustement des comportements. Si les interactions fonctionnent, ce n'est pas parce qu'elles sont structurées *a priori* par un système de contraintes mais parce que les gens parviennent à se mettre d'accord en adaptant leurs exigences réciproques. Dans son enquête de terrain, Strauss s'emploie à montrer combien le règlement de l'hôpital est trop général pour régler les interactions à chaque fois singulières (quel est le meilleur service hospitalier où placer le malade? Comment doit agir

1. Voir N.K. Denzin, C.M. Keller, « *Frame Analysis* reconsidered » (1981), *Erving Goffman*, *op. cit.*, vol. IV, p. 66.

2. A. Strauss, L. Schatzman, B. Bucher, D. Ehrlich, M. Sabshin, « The hospital audits negotiated order », dans E. Freidson (éd.), *The hospital in modern Society*, New York, The Free Press, 1963, p. 147 ; « L'hôpital et son ordre négocié », trad. fr. dans A. Strauss, *La trame de la négociation*, Paris, L'Harmattan, 1992, p. 87.

une infirmière qui estime que le traitement prodigué par le médecin relève de son idéologie psychiatrique et peut se révéler nuisible au patient? etc.). Par là même, il souligne les ressources et les compétences déployées par les agents pour parvenir à faire des choses ensemble en stabilisant les situations dans lesquelles ils se trouvent. « Les règles ne peuvent servir de guide et d'impératif qu'à une faible part de la totalité de l'action concertée qui se développe autour du malade. En conséquence, comme nous l'avons déjà noté, là où l'action n'est pas réglementée, elle doit être l'objet d'un accord »[1].

Strauss étend cette analyse réalisée dans un milieu particulier à la société dans son ensemble pour en faire le paradigme de la compréhension de tout ordre social : l'ordre n'est jamais donné mais toujours construit au gré des interactions. Loin de s'imposer de manière transcendante aux acteurs, il nécessite leur accord et leur bonne volonté. Se stabilisant de manière précaire, il est toujours appelé à se renouveler en se modifiant au fil des négociations.

Une méthode compréhensive

Bien évidemment, une telle compréhension de l'interaction induit une méthode particulière. Puisque sa teneur sociale réside dans le caractère construit et partagé de la signification émergeant dans une entreprise commune de stabilisation, le sociologue voulant en rendre compte doit, à son tour, interpréter les symboles émis par les participants pour comprendre la signification ainsi créée. Dans cette perspective, on comprend que l'interaction requiert un mode d'explication différent de celui des sciences de la nature, une

1. *Ibid.*, p. 98.

épistémologie spécifique que l'on peut nommer « méthode compréhensive ». L'interaction ne peut être expliquée objectivement mais seulement comprise intersubjectivement, pour autant que le sociologue se mette à la place des participants afin d'exhiber le processus de création du sens. En lieu et place de relations de causalité, il doit mettre au jour des relations de signification, des procédures d'interprétation, des ajustements et des rectifications. Ainsi Blumer écrit-il :

> pour comprendre le processus d'interprétation, le chercheur doit prendre le rôle de l'acteur dont il se propose d'étudier le comportement. Puisque l'interprétation est donnée par l'acteur dans les termes d'objets désignés et appréciés, de significations acquises et de décisions précises, le processus doit être considéré du point de vue de l'acteur [1].

Cette démarche est également revendiquée par Strauss qui insiste sur l'importance de la collecte de données à la première personne comme point de départ de l'analyse : « on ne commence pas avec une théorie pour la prouver mais bien plutôt avec un domaine d'étude et on permet à ce qui est pertinent pour ce domaine d'étude d'émerger » [2].

Dans cette démarche d'observation empathique, le sociologue doit se tenir au plus près de son objet : la distance n'est pas de mise. Lors de ce travail de terrain, le sociologue pourra saisir le sens attribué à la situation par les participants à partir de son expérience personnelle. Il lui appartient alors d'user de concepts souples et sensibles, respectueux à la fois

1. H. Blumer, *Symbolic Interactionism : Perspective and Method*, *op. cit.*, p. 73-74.

2. A. Strauss et J. Corbin, *Basics of Qualitative Research : Grounded Theory : Procedures and Techniques*, Newbury Park, CA : Sage, 1990, p. 23.

des mille et une nuances du fragile et évanescent objet observé mais aussi de la démarche d'observation. C'est à cette seule condition que la théorie ne trahira pas la réalité à comprendre tout en l'éclairant. Les deux étapes de la recherche préconisées par Blumer sont donc l'exploration et l'inspection, cette dernière désignant l'examen flexible du contenu empirique saisi par l'exploration directe, de manière à mettre au jour des concepts sensibilisateurs (*sensitizing concepts*) qui donnent « un sens général de référence et de guidage » sans désigner une propriété commune à une classe d'objets [1].

La faiblesse de l'approche individualiste de l'interaction

Si l'analyse offerte par l'interactionnisme symbolique présente un certain nombre de vertus, notamment la richesse de ses monographies sans équivalent dans la production sociologique, elle n'en demeure pas moins grevée par un certain nombre de difficultés théoriques.

La première réside dans la compréhension relativement faible de la dimension sociale de l'interaction. Elle tient à la simple adaptation réciproque des lignes de conduite des agents grâce à leur élaboration commune d'une définition de la situation dans laquelle ils évoluent. On peut se demander à l'instar du sociologue Erving Goffman répondant aux critiques adressées par deux tenants de l'interactionnisme symbolique à l'un de ses ouvrages, *Les cadres de l'expérience*, si les individus inventent le jeu d'échec chaque fois qu'ils s'assoient pour jouer. « Quelles que soient les singularités de leurs motivations et de leurs interprétations, ils doivent

1. Voir H. Blumer, *Symbolic Interactionism : Perspective and Method*, *op. cit.*, p. 147-148.

pour participer s'insérer dans un format standard d'activité et de raisonnement, qui les fait agir comme ils agissent »[1]. Autrement dit, le soupçon porte sur la compréhension psychologique des formes pourtant *a priori* que Simmel présentait au principe de l'interaction.

La deuxième réside dans le caractère volontairement antisystématique de l'épistémologie déployée par l'interactionnisme symbolique. Si l'on peut louer ce geste théorique qui s'efforce de forger des concepts adéquats à la réalité observée, il est cependant à craindre que les concepts sensitifs manquent d'envergure et restent trop proches de l'expérience première pour pouvoir véritablement en rendre compte.

L'ORDRE DE L'INTERACTION

Examinons à présent la lecture « dure », entendons résolument non psychologique de l'œuvre de Simmel, menée par un autre sociologue de l'École de Chicago, Erving Goffman. À l'encontre de l'analyse proposée par l'interactionnisme symbolique, il va majorer le caractère *a priori* des formes du sociologue allemand pour expliquer les interactions de la vie quotidienne non pas à partir des motivations singulières des individus en présence mais à partir d'une structure rigide, l'ordre de l'interaction, qui préexiste aux rencontres intersubjectives et préside à leur déroulement. Il a tendance, même si son analyse est complexe, à gommer la dimension psychologique de la forme *a priori* en l'objectivant dans les situations matérielles où se déroule l'interaction,

1. E. Goffman, « Réplique à Denzin et Keller » (1981), dans I. Joseph *et alii*, *Le parler frais d'Erving Goffman*, Paris, Minuit, 1989, p. 307.

n'hésitant pas à moquer la prétendue boîte noire de l'intériorité[1]. Si Erving Goffman parvient à éviter les écueils de l'interactionnisme symbolique – la mise entre parenthèses du caractère normé de notre ordinaire qui porte bien son nom et l'absence de systématicité théorique –, on peut cependant craindre qu'il n'oublie la spécificité de l'interaction au sein des autres objets sociaux. Ne risque-t-il pas de la dénaturer en ne thématisant pas l'articulation entre les normes et l'individu qui constitue son centre névralgique et de heurter l'écueil qui guette tout holisme : un oubli des agents au profit d'une compréhension hypertrophiée de la contrainte sociale ?

*Le travail de figuration (*face-work*) comme syntaxe*

Selon Goffman, la première norme qui pèse sur toutes les interactions réside dans une nécessité fondamentale : sauver sa face et celle de l'autre. Dans *Les rites d'interaction*, cette contrainte est présentée comme recouvrant l'ensemble des règles syntaxiques constitutives que nous devons respecter pour que nos actions aient du sens et puissent être comprises par autrui[2].

En quoi consistent-elles ? À se présenter dans toute interaction de la manière convenable en projetant dans la situation où l'on se trouve la face pertinente, c'est-à-dire « l'image du soi dessinée selon certains attributs sociaux approuvés »[3]. Le terme d'image dans la sociologie goffmanienne d'inspiration pragmatiste ne relève pas d'un

1. Voir E. Goffman, *Les cadres de l'expérience*, Paris, Minuit, (1974) 1991, p. 502-505.

2. Voir E. Goffman, *Les rites d'interaction*, Paris, Minuit, (1967) 1974, p. 8.

3. *Ibid.*, p. 9.

registre psychologique mais physique : par ce terme, Goffman renvoie à l'attitude et à la gestuelle. Sauver sa face consiste à répondre aux attentes normatives des autres participants quant à la manière acceptable de se comporter dans la situation où l'on se trouve. En incarnant dans sa manière d'agir la face adéquate, l'individu réaffirme la société en devenant le porte-parole de ses règles. Il s'agit bien d'une obligation dans la mesure où l'échec à présenter l'image de soi attendue – ou l'incapacité à le faire (Goffman a analysé par ce biais la maladie mentale[1]) – expose au risque d'une exclusion, en suscitant le mépris ou l'inquiétude des autres participants. Ainsi Goffman explore-t-il sans relâche les moments de honte ou d'embarras pour montrer la formidable pression sociale qui pèse sur les épaules de tout un chacun en le condamnant à devoir sans cesse sauver l'ordre social pour être considéré comme un individu fréquentable. Il précise par là même les raisons du conformisme social en donnant une des clés de notre obéissance. La valeur de l'individu est fonction de sa capacité à honorer les attentes sociales : elle est un bien volatile qui peut lui échapper à tout moment, si bien que Goffman n'hésite pas à parler de la face comme d'une « croix »[2]. Dans cette perspective, il articule sans ambiguïté les intérêts de la société et de l'individu : « les sociétés, pour se maintenir comme telles, doivent mobiliser leurs membres pour en faire des participants de rencontres autocontrôlés »[3].

Cependant, il convient de faire un pas de plus dans la compréhension de la syntaxe régissant toutes les interactions.

1. Voir notamment E. Goffman, « La folie dans la place » (1969), *Les relations en public*, Paris, Minuit, (1971) 1973, p. 313-361.

2. E. Goffman, *Les relations en public*, *op. cit.*, p. 180.

3. E. Goffman, *Les rites d'interaction*, *op. cit.*, p. 41.

En effet, Goffman n'écrit pas simplement qu'il s'agit de sauver sa face mais aussi celle de l'autre, processus complexe qu'il synthétise sous le nom générique de travail de figuration (*face-work*). Pourquoi la face de l'autre est-elle également concernée quand je sauve la mienne? En me présentant de manière conforme aux attentes d'autrui, je lui manifeste de la sorte respect et considération. En me conduisant comme un individu de valeur, je lui en accorde également.

La syntaxe de l'interaction peut donc se résumer comme suit: pour que les interactions soient douées de sens, il convient de construire et de préserver l'image de soi et des autres socialement attendue et acceptable. L'ordre n'apparaît plus négocié comme chez Strauss, mais structurant.

La situation comme réalité sui generis

Le deuxième ensemble de normes mettant en forme les interactions réside dans les contraintes spécifiques inhérentes à la situation sociale où elles se déroulent. Il permet de modaliser la syntaxe fondamentale de l'ordre de l'interaction et de comprendre pourquoi il peut se manifester différemment alors que sa logique reste la même. Empruntant la notion de situation à la philosophie pragmatiste, notamment à George Herbert Mead, Goffman entend lui donner ses lettres de noblesse en sociologie: loin de la considérer comme définie dans une démarche constructive, selon la perspective de l'interactionnisme symbolique, il l'appréhende comme une réalité *sui generis*[1], empruntant cette expression à la

1. E. Goffman, «La situation négligée» (1964), *Les moments et leurs hommes*, Paris, Seuil-Minuit, 1988, p. 146.

sociologie holiste de Durkheim[1]. Il veut insister par là sur son caractère autosuffisant et objectif : consistante en elle-même, elle ne dépend pas des évaluations des acteurs. Elle possède une structure et des propriétés spécifiques[2], de sorte qu'on peut la définir comme une institution *a priori*.

En quoi les situations où se déroulent les interactions sont-elles normatives et permettent-elles de mettre en œuvre la syntaxe de l'ordre de l'interaction pour produire différents énoncés doués de sens ? En ce que la situation réunit deux niveaux de règles, si l'on isole de manière abstraite l'ordre de l'interaction qui est, bien évidemment, lui aussi toujours en situation : les contraintes matérielles d'une place, enchâssées dans sa disposition spatiale, et les règles macrosociales qu'elle sélectionne telle une membrane de transformation, pour reprendre la terminologie de « Fun in games »[3]. Ainsi une file d'attente dans une boulangerie peut-elle constituer un exemple de situation. D'une part, l'aménagement architectural de la boulangerie ainsi que le corps des clients présents et leurs éventuels paniers et autres poussettes (ce que Goffman nomme des territoires du *self*)[4] donnent une certaine forme à la file et obligent les gens voulant acheter leur baguette de pain à se positionner d'une manière déterminée. De plus, cette situation est susceptible de mobiliser des règles macrosociales en les modalisant dans son cadre spécifique. Ainsi l'idéalisation de

1. Voir notamment É. Durkheim, « Représentations individuelles, représentations collectives » (1898), *Sociologie et philosophie*, Paris, P.U.F., (1924) 2010, p. 1-48.

2. Voir E. Goffman, « La situation négligée », *op. cit.*, p. 146.

3. Voir E. Goffman, « Fun in games », *Encounters*, Indianapolis, Bobbs-Merril, 1961, p. 65.

4. Voir E. Goffman, *Les relations en public*, *op. cit.*, p. 43-72.

la maternité dans nos sociétés peut-elle s'inviter dans la file d'attente sous la figure de la femme enceinte que l'on laissera passer devant soi, sans que ce passe-droit soit perçu comme une infraction sociale. Les manières de sauver la face se déclinent en fonction de règles relevant d'un autre niveau de réalité que l'ordre de l'interaction.

À partir de ces trois ensembles normatifs, l'ordre de l'interaction, les contraintes matérielles et la sélection de règles macrosociales, Goffman peut déployer une analyse fine des interactions, respectueuse de leur singularité sans exclure pour autant leur typicité. La corrélation de l'ordre de l'interaction à des catégories de situation permet à Goffman de dégager les comportements ritualisés auxquels nous sacrifions tous dans les interactions de la vie quotidienne, en montrant leur caractère systématique par la double distinction entre rites positifs et rites négatifs ainsi qu'entre rites de tenue et rites de déférence. Grâce à cette notion de rite, à la charnière de l'éthologie et de l'anthropologie religieuse, Goffman met l'accent à la fois sur la dimension formelle de nos gestes que nous ne pouvons déployer à notre guise et sur leur nature cérémonielle pour autant qu'ils honorent les attentes sociales constitutives de la situation.

Une détermination mécanique des comportements individuels ?

L'analyse de Goffman rend-elle cependant compte de l'activité des participants de l'interaction ? Cette dernière ne se réduit-elle pas dans sa perspective à une « interpassion » ? Cette question s'avère cruciale : elle pointe du doigt la difficulté à laquelle se trouve acculé tout sociologue soucieux de donner une compréhension forte de la dimension sociale des objets auxquels il s'intéresse. En allant au-delà de la simple réciprocité, n'est-il pas condamné à présenter une vision trop rigide des comportements individuels? Bref, peut-on penser la réalité sociale de l'interaction sans réduire les acteurs sociaux à des automates? La notion d'acteur ou d'agent social a-t-elle seulement un sens et n'est-elle pas un simple oxymore dès lors que l'on donne un sens fort à l'adjectif social?

La sociologie de Goffman se présente en réalité comme une tentative pour penser la régularité des interactions sans comprendre ces dernières comme une simple reproduction. Si l'activité des participants dans toute situation sociale est mise en forme par les contraintes inhérentes à cette dernière, il n'en demeure pas moins vrai que cet ordonnancement nécessite leur *interprétation*. En effet, si chaque situation d'interaction se présente comme une structure *a priori*, encore faut-il comprendre ses exigences et être à même de les interpréter. En termes pragmatistes, on dira que l'ordre de l'interaction ne peut être soutenu par les agents que s'ils disposent de certaines capacités, ce dont témoigne de manière plus ou moins dramatique les nombreux flottements ou même les ruptures pouvant survenir lorsque nous nous trompons sur ce qui se passe ici et maintenant, ou lorsque nous échouons à l'accomplir. Le conformisme n'est jamais un automatisme.

En outre, de manière éparse dans son œuvre, Goffman donne quelques exemples d'interactions ayant contribué non pas à inventer une définition inédite de la situation mais à mobiliser une autre définition possible, déjà existante, s'appliquant à des situations différentes[1]. Il montre ainsi qu'il

1. Voir E. Goffman, « L'ordre de l'interaction » (1983), *Les moments et leurs hommes*, *op. cit.*, p. 218; *Les relations en public*, *op. cit.*, p. 325.

est possible, à partir de la structure immuable de la syntaxe du sauver la face et des contraintes matérielles rigides de l'espace dans lequel on se trouve, de mobiliser d'autres règles macro-sociales que celles attendues. Son exemple le plus éloquent, bien que lapidaire, est celui des suffragettes américaines. Tentons de l'expliciter pour comprendre comment une interprétation normée peut être sinon totalement créatrice, du moins résolument agissante. Lorsque les militantes s'immisçaient dans le déroulement des scrutins, allant à l'isoloir et prétendant mettre leur bulletin dans l'urne, leur action n'était pas différente dans son déroulement physique de celle d'un homme allant voter. Elle respectait à la fois l'obligation du « sauver la face » et les normes fichées dans l'agencement spatial. D'une manière tout à fait convenable, un homme majeur et doué de ses facultés mentales vote en prenant au sérieux le protocole exercé par l'appariteur et la disposition des différents accessoires (isoloir, urne, registre, etc.). L'innovation des suffragettes résidait dans le choix de cette action alors que la structure sociale extérieure pertinente était celle de la minorité juridique des femmes. Elles s'appuyaient donc sur les ressources de l'ordre brut de l'interaction et l'endroit où celui-ci se déployait, pour proposer un engrenage entre ordre interactionnel et ordre macrosocial, sans doute différent de celui attendu mais pas tout à fait inédit puisqu'il était mis en œuvre pour une autre catégorie de personnes. L'interactant subversif n'est pas un créateur *ex nihilo* mais un démiurge, ce qui n'est déjà pas si mal.

Ainsi, malgré son holisme méthodologique, Goffman n'exclut-il pas l'activité des participants. La situation ordonne, contraint ou encore agence, mais jamais de manière mécanique. Elle le fait toujours grâce à une *interprétation* de l'acteur qui doit répondre à la question « que se passe-t-il ici ? »[1].

Au terme de cette exploration de l'interaction, il apparaît que cette notion cristallise des problèmes fondamentaux pour les sciences sociales : holisme-individualisme méthodologiques ; contrainte-liberté ; agent-structure ; régularité-changement. L'interactionnisme réaliste d'Erving Goffman présente une solution convaincante aux trois problèmes dégagés en introduction. Sur le plan ontologique, il permet de rattacher les interactions à une strate consistante de la réalité sociale, irréductible aux motivations individuelles, en montrant qu'elles possèdent leur propre logique d'ordonnancement et sont structurées par une syntaxe spécifique se déployant toujours en situation. Sur le plan pratique, il offre une solution intéressante au double problème de l'obéissance de l'individu : celui-ci se sent tenu de répondre aux attentes normatives dans la mesure où il y trouve un intérêt (sa valorisation) et ce conformisme n'exclut pas une activité de sa part, pouvant éventuellement adopter un visage plus ou moins subversif. Enfin, sur le plan épistémologique, Goffman propose un holisme raffiné que l'on peut qualifier de situationnisme méthodologique[2], présentant une approche systématique tout en respectant la singularité de l'objet étudié. Au-delà de ce qui pourrait sembler de simples querelles doctrinales n'intéressant que les spécialistes, l'interaction mérite ses lettres de noblesse

1. E. Goffman, *Les cadres de l'expérience*, *op. cit.*, p. 16.

2. Voir I. Joseph, *Erving Goffman et la microsociologie*, Paris, P.U.F., 1998, p. 120.

dans le champ des sciences sociales, dans la mesure où elle attire le regard du théoricien sur des aspects habituellement négligés de notre vie sociale. Elle nous invite à redécouvrir, avec un regard émerveillé, notre quotidien pour prendre la pleine mesure de ses enjeux. Si la vie sociale s'incarne de manière exemplaire dans ces moments d'effervescence extraordinaires que sont les mouvements de foule, les commémorations et autres manifestations spectaculaires, elle se loge également dans notre quotidien le plus anodin. La banalité de nos ordinaires recèle, en réalité, de subtiles cérémonies ritualisées où nous sacrifions au culte de l'ordre de l'interaction pour voir notre face et celle de l'autre auréolées de la sacralité qui le nimbe.

L'ÉVÉNEMENT

Avant de désigner un concept en sciences humaines, le terme d'« événement » appartient au langage courant. Il renvoie d'abord simplement à « ce qui arrive », lorsque l'on évoque par exemple « la suite des événements ». L'événement se caractérise alors par sa *ponctualité*, qui ne signifie pas tant sa brièveté, toute relative, que la possibilité de le figurer par un point – ou, si l'échelle change, par un segment – sur une ligne chronologique orientée : il a un début et une fin clairement identifiés. En vertu de cette situation temporelle, il est inédit et unique : quand bien même un événement identique se produirait, il ne s'agirait pas du même événement, puisqu'il aurait lieu à un autre moment.

On réserve toutefois plus couramment le terme d'« événement » à des faits dont la singularité est perçue comme qualitative, et non seulement relative à leur datation. La *nouveauté* de l'événement est alors à comprendre en un sens fort : il n'a été précédé d'aucun fait semblable, et introduit ainsi une *discontinuité* par rapport l'ordre ordinaire des choses. Il semble en tant que tel voué à constituer l'origine d'un nouvel ordre : on dira alors de l'événement qu'il est déterminant, au sens où il contribue à orienter le cours de la vie d'un individu ou d'un groupe. Il est toutefois possible que la discontinuité ne se mue pas en rupture, l'ordre ordinaire étant par la suite rétabli, sans qu'elle perde pour autant son caractère d'événement : l'émotion ressentie par les spectateurs des premiers pas de l'homme sur la lune n'aurait pas été moins intense s'ils avaient en même temps pensé que ce seraient les derniers. C'est donc d'abord la perception d'une discontinuité par rapport au passé qui permet d'identifier l'événement.

Certains faits nouveaux peuvent toutefois être considérés comme insignifiants : quel critère détermine ce qui « fait événement » par sa nouveauté ? L'événementialité peut être conçue comme strictement corrélative au caractère *déterminant* du fait inédit : le triomphe électoral d'un nouveau dirigeant apparaît comme un événement dans la mesure où l'on suppose que son élection aura des conséquences politiques notables. Si cela ne devait pas être le cas, on jugerait rétrospectivement qu'il ne s'agissait pas d'un véritable événement. Toutefois, lorsque le fait nouveau retient l'attention indépendamment de ses potentiels effets sur l'avenir, c'est plutôt parce qu'il est impossible de le comprendre dans la continuité de ce qui précède qu'il fait événement. Une fois qu'il a marché sur la lune, l'homme ne peut plus être pensé de la même façon. En ce sens, même l'événement qui n'est pas suivi d'effets notables opère une rupture, mais cette fois dans les modes de penser : il est, de ce point de vue *significatif*. Ces deux réponses possibles ne distinguent toutefois pas tant deux catégories d'événements que deux manières de les appréhender. Une élection peut elle aussi être vécue comme un événement indépendamment des effets politiques espérés, si elle est perçue comme significative en elle-même : par exemple si c'est un membre d'un groupe social jusque là exclu du pouvoir qui est élu. L'événement donne alors un sens neuf à l'avenir, en tant qu'il révèle un nouveau possible, et est par là susceptible d'apporter un éclairage inédit sur le passé.

Que sa nouveauté soit relative à son pouvoir causal sur la suite du devenir ou à son aptitude à lui conférer un sens nouveau, l'événement est dans tous les cas ce qui est *notable*, c'est-à-dire digne d'être noté pour être remémoré. Lorsque nous qualifions d'événement un fait propre à la vie collective, nous suggérons qu'il est « historique » – digne d'être retenu par les futurs historiens de notre temps. L'usage ordinaire du concept d'événement nous conduit ainsi déjà à la lisière de la science historique.

Or, les trois sens ordinaires de l'événement (comme fait ponctuel, déterminant ou significatif) trouvent dans cette discipline des équivalents. Tout d'abord, on nomme « histoire événementielle » celle qui privilégie l'étude de ce qui est datable de façon précise, par opposition à ce dont le début et la fin sont incertains et graduels : elle fait l'histoire des batailles et des traités, plutôt que des évolutions lentes et imperceptibles de l'économie, de la démographie ou des croyances. Mais cette dénomination rejoint déjà le deuxième sens du terme : l'étude de tout ce qui est datable étant difficilement justifiable et de toute façon impossible, le choix des batailles et des traités est déjà celui de faits jugés déterminants pour le cours de l'histoire. En outre, de tels événements peuvent constituer un objet central pour l'histoire indépendamment d'une démarche d'imputation causale : lorsque Georges Duby consacre un livre à une bataille qui ne dura que trois heures[1], ce n'est pas en raison de l'impact qu'elle aurait eu sur la suite de l'histoire

1. G. Duby, *Le dimanche de Bouvines*, Paris, Gallimard, (1973) 1985.

militaire et politique, mais du sens qu'elle a revêtu pour les hommes de ce temps et des époques ultérieures.

L'identification historienne des événements rompt toutefois avec celle à l'œuvre dans l'expérience ordinaire. Tout d'abord, ce qui est décisif aux yeux des hommes du passé ne l'est pas nécessairement sous le regard rétrospectif de l'historien, et inversement. Plus encore, ce dernier peut identifier des événements qui n'ont pas simplement été méconnus, mais ne sont pas de l'ordre de ce dont on peut faire l'expérience. Le point où une courbe économique ou démographique change de sens peut représenter un événement déterminant du point de vue de l'historien, mais il est seulement repérable à partir de la confrontation de nombreuses sources, et n'est pas directement perceptible. Ce mode spécifique d'identification des événements entraîne une modification de leur définition même : ils ne désignent plus ce qui est vécu comme décisif par un individu ou une collectivité singulière, mais ce qui est identifié comme tel selon des critères génériques. Ce dernier usage du concept d'événement n'est d'ailleurs pas propre aux sciences humaines, mais se retrouve en sciences de nature[1]. Enfin, certains historiens qualifient d'événements les discontinuités qui apparaissent dans les sources historiques elles-mêmes, en repérant notamment des « événements discursifs »[2] dans les documents écrits. Une discontinuité ne saurait toutefois constituer un événement qu'en tant qu'elle est située

1. Voir M. Weber, « Études critiques pouvant servir à la logique des sciences de la culture », *Essais sur la théorie de la science*, trad. fr. par J. Freund, Paris, Plon, (1906) 1965, note 1 p. 294.

2. M. Foucault, *L'archéologie du savoir*, Paris, Gallimard, 1969, p. 39, *sq*. Voir par exemple J. Guilhaumou, *Discours et événement : l'histoire langagière des concepts*, Besançon, Presses universitaires de Franche-Comté, 2006.

dans le temps. Cette temporalité est d'abord celle du travail de l'historien, confronté à une rupture d'intelligibilité : « tout ce qui ne va pas de soi »[1] peut alors être pensé comme un événement. Mais nombre d'historiens attribuent aussi à cet événement cognitif un référent dans le passé : l'écart même minime d'un fragment avec les codes discursifs de l'archive à laquelle il appartient fait ici événement en tant qu'il révèle la présence du sujet humain singulier qui en est la source[2]. L'événement discursif renvoie alors aussi à l'événement humain de l'énonciation. La notion d'événement est ici de nouveau rapportée à l'expérience subjective, par contraste avec l'usage causaliste précédent.

Nous avons donc identifié trois types d'usages, qui peuvent se recouper, du concept d'événement en histoire : le premier renvoie à ce qui est datable de façon précise, le second à ce qui est déterminant pour la suite, le troisième à ce qui est perçu comme significatif pour l'existence humaine. Chacun de ces usages implique à la fois l'existence d'un *fait* qui a eu lieu et d'une *description* historienne, que l'accent soit mis sur le premier ou la seconde. Les deux derniers usages supposent en outre l'existence d'une discontinuité événementielle *décisive*, car déterminante ou significative.

Mais le fait qu'un même événement puisse être reconnu comme décisif à la fois du point de vue de ses effets et du point de vue de sa signification pose problème pour les sciences humaines. Elles peuvent craindre que le sens attribué à l'événement engendre seul l'illusion de son caractère

1. P. Veyne, *Comment on écrit l'histoire*, Paris, Seuil, (1971) 1996, p. 18.

2. A. Farge, « De l'événement en histoire », *Le goût de l'archive*, Paris, Gallimard, (1989) 1997, p. 98-105.

déterminant et fasse obstacle au repérage scientifique des causes. En effet, en tant qu'elles assument une ambition explicative forte, les sciences humaines dégagent des chaînes de causes et d'effets qui ne sauraient connaître de suspension : elles ne laissent pas place à des ruptures déterminantes, infléchissant le cours des choses. De plus, une relation causale ne peut être repérée qu'à partir de la répétition de plusieurs cas : les sciences humaines ne sauraient donc isoler de moments singuliers, où une puissance causale inédite et unique se manifesterait. Le caractère décisif de l'événement n'est-il pas alors *seulement* fonction du sens que lui confère sa place dans un récit – qu'il s'agisse du récit mémoriel des sujets de l'époque, ou du récit construit par l'historien du point de vue des intérêts du présent ? C'est précisément parce que l'histoire a affaire aux événements que son statut de science humaine a toujours été moins assuré que celui d'autres disciplines comme la sociologie ou l'économie : l'événement semble impropre à l'explication scientifique [1].

On examinera tout d'abord les méthodes dont disposent les sciences humaines pour expliquer les événements, et vérifiera si elles se réduisent nécessairement à une forme de mise en intrigue. Puis, devant les critiques reprochant aux explications de l'événement de dissoudre son sens, on devra préciser ce qui, de l'événement, peut constituer un objet légitime pour les sciences humaines. On affrontera alors la tension entre le projet universaliste qu'implique une science de l'homme

1. Voir notamment É. Durkheim, « L'histoire et les sciences sociales » (1903), *Textes 1. Eléments d'une théorie sociale*, Paris, Minuit, 1975, p. 195-197.

et le caractère culturellement et historiquement situé de l'expérience de l'événement qui lui sert ici de modèle.

COMMENT EXPLIQUER UN EVÉNEMENT ?

La connaissance scientifique des événements a été revendiquée par l'histoire avant même qu'elle se définisse comme une science humaine : elle se présente au XIXe siècle comme une science de l'archive. Ses règles de scientificité, élaborées en Allemagne puis en France, portent sur la critique externe (provenance, datation) et interne (sincérité, exactitude) des documents, et visent à établir les faits qui ont réellement eu lieu[1]. Parmi ces derniers, la distinction entre faits ordinaires et événements relève majoritairement d'une distinction non problématisée[2] entre l'ordinaire et l'exceptionnel, le second relevant essentiellement d'une histoire nationale, politique ou institutionnelle. Alors que l'établissement des faits suppose des règles précises, l'explication des événements est confiée à une narration qui présente des individus historiques (personnalités ou entités collectives) comme les sujets d'actions faisant événement[3].

Les sciences humaines, en particulier la sociologie et l'économie, se sont construites, au tournant du XXe siècle, par opposition à ce modèle. La forme la plus radicale de cette critique de l'histoire consiste à exiger des sciences humaines

1. Voir C.-V. Langlois, C. Seignobos, *Introduction aux études historiques*, Paris, Kimé, (1898) 1992.

2. Voir toutefois J. G. Droysen, *Précis de théorie de l'histoire*, trad. fr. par A. Escudier, Paris, Le Cerf, (1882) 2002.

3. Voir toutefois N. D. Fustel de Coulanges, *La Cité antique*, Paris, Flammarion, (1864) 1984.

qu'elles adoptent une méthodologie strictement déductive. C'est là l'enjeu de la *Methodenstreit* (conflit des méthodes) : l'économiste autrichien Carl Menger s'oppose à l'école historique allemande d'économie nationale dirigée par Gustav Schmoller, en prônant une science économique pure, fonctionnant de façon déductive à partir d'axiomes et de lois exactes[1]. L'événementialité, même au sens faible, cesse d'être un objet d'étude dans le cadre de cette recherche économique « exacte », puisqu'elle construit alors ses objets de façon *a priori*, sans se préoccuper de leur existence empirique. Mais cette position, difficilement soutenable hors de l'économie, n'est pas parvenue à s'imposer sous cette forme radicale : le caractère toujours au moins partiellement empirique de l'objet des sciences humaines apparaît désormais comme une évidence.

En revanche, la critique durkheimienne du statut de l'événement en histoire a été bien plus influente. Elle ne vise pas l'événement au sens faible, c'est-à-dire les faits empiriques datables, mais l'événement au sens fort, c'est-à-dire l'existence de faits inédits et décisifs. Dans un article influent[2], l'économiste durkheimien François Simiand critique le rôle accordé par l'histoire traditionnelle à l'événement, en repérant les trois « idoles de la tribu des historiens » qui sont à sa source : l'histoire suppose que les événements sont politiques ; que leurs causes résident dans les intentions individuelles ;

1. C. Menger, *Recherches sur la méthode dans les sciences sociales et en économie politique en particulier*, trad. fr. par G. Campagnolo, Paris, EHESS, (1883) 2011.

2. F. Simiand, « Méthode historique et science sociale » (1903), *Méthode historique et science sociale*, Paris, Éditions des Archives contemporaines, 1987, p. 113-169.

et que l'ordre causal reproduit l'ordre chronologique. À ses yeux, les sciences humaines doivent rompre avec ces trois présupposés, car les phénomènes humains notables ne se limitent pas aux faits politiques; leurs causes ne sont pas les actions individuelles; et l'ordre chronologique ne constitue pas la trame d'une véritable explication causale. La science doit être « tournée vers "l'institution" et non pas vers "l'événement", vers les relations objectives entre les phénomènes et non pas vers les intentions et les fins conçues »[1]. C'est parce que l'on confond la cause avec l'antécédent le plus immédiat que l'on conçoit l'événement comme la cause déterminante de ce qui lui succède, et parce qu'on ne distingue pas, au sein de l'événement empirique, l'essentiel du contingent, que l'on prend de l'inédit au sens faible pour de l'inédit au sens fort. Cette conception de la causalité propre au sens commun n'est pas compatible avec sa conception scientifique, selon laquelle il est impossible d'établir une relation causale à partir d'un seul cas.

Si l'événement ne constitue pas un objet d'étude valable, comment l'histoire peut-elle accéder au statut de science? Les historiens français de ce que l'on appelle « l'école des *Annales* » ont résolu ce problème en faisant de la longue durée[2] l'objet de l'histoire. La longue durée doit permettre de se déprendre des « trois idoles », car elle est celle de la vie d'une société voire d'une civilisation; or les intentions individuelles ne peuvent plus expliquer cette totalité; la chronologie disparaît ainsi au profit du tableau synchronique d'une

1. F. Simiand, « Méthode historique et science sociale », *op. cit.*, p. 135.

2. Voir F. Braudel, « Histoire et sciences sociales. La longue durée » (1958), *Écrits sur l'histoire*, Paris, Flammarion, (1969) 1984, p. 41-84.

époque. L'œuvre emblématique de cette forme d'histoire est *La Méditerranée et le monde méditerranéen à l'époque de Philippe II* de Fernand Braudel[1]. La première partie du livre est consacrée au milieu, appréhendé dans une perspective de géo-histoire dont la temporalité est quasi-immobile, la seconde aux conjonctures économiques et sociales obéissant à un rythme plus rapide, et la dernière aux événements politiques ponctuels. Ces derniers ne sont donc pas négligés, mais apparaissent comme l'écume superficielle de l'histoire, portée par des mouvements plus profonds.

Cette dévaluation du rôle de l'événement dans la connaissance historique a fait l'objet d'une critique célèbre de Paul Ricœur[2]. Il souligne d'abord qu'une période de longue durée n'en a pas moins un début et une fin. L'attention à la temporalité constitue ainsi la spécificité de l'histoire par rapport aux autres sciences humaines, qui peuvent en faire abstraction. Ricœur relève que la brièveté et même la ponctualité ne définissent pas l'événement historique de façon essentielle : quelle que soit l'échelle temporelle adoptée et même l'indétermination des points de départ et de fin, l'histoire a trait à des événements en tant qu'elle identifie des discontinuités temporelles.

Ricœur ne se contente toutefois pas de cette caractérisation de l'événement : il ne saurait, à ses yeux, exister d'événement que par rapport à un sujet humain qui le provoque ou le subit. Ce concept d'événement est alors propre aux sciences humaines par opposition aux sciences naturelles. L'originalité

1. F. Braudel, *La Méditerranée et le monde méditerranéen à l'époque de Philippe II*, Paris, Armand Colin, (1949) 1990.

2. P. Ricœur, *Temps et récit*, t. 1, Paris, Seuil, 1983, p. 146-151.

de la perspective de Ricœur est de déconnecter ce critère de subjectivité du niveau individuel auquel il est usuellement appliqué. Analysant plusieurs ouvrages et notamment La *Méditerranée* de Braudel, il montre que les trois niveaux de temporalité disjoints dans ce livre n'en constituent pas moins une « quasi-intrigue » dans laquelle des « quasi-personnages » provoquent et subissent des « quasi-événements » : ayant raconté le combat de deux « colosses politiques » (l'empire espagnol et l'empire turc) qui sont aussi deux mondes physiques et culturels, il se clôt par le déplacement de l'intrigue vers l'Atlantique [1].

Bien que la notion de « quasi-personnage » nous éloigne du sujet individuel, elle ne désigne pas pour autant toute entité dont on pourrait faire l'histoire (une pratique économique, une institution religieuse, une forme artistique...). L'analogie avec le personnage doit être « bien fondée » par « l'appartenance participative » [2] des individus humains à ce collectif : il ne peut être qu'une société ou une civilisation. La thèse de Ricœur est donc que l'histoire continue, sous une forme oblique, de raconter des événements qui arrivent à des sujets. Ainsi les débuts et les fins qu'elle décrit représentent-ils analogiquement des naissances et des morts. Selon Ricœur, l'expérience humaine est fondamentalement narrative : il n'y a pas de soi sans mise en récit de soi. Par conséquent, en maintenant l'analogie avec le récit d'une vie, l'histoire participe à la configuration narrative de l'expérience collective, comme elle contribue, sur un mode analogique, à celle de l'expérience individuelle.

1. *Ibid.*, p. 300.
2. *Ibid.*, p. 276.

Mais cette thèse a une contrepartie épistémologique : si l'histoire doit raconter des événements qui arrivent à des « quasi-personnages » pour préserver sa spécificité disciplinaire, et si l'événement est une « variable de l'intrigue », alors l'explication historique est fondamentalement narration. Les événements historiques « reçoivent une intelligibilité dérivée de leur contribution à la progression de l'intrigue »[1]. Ricœur ne s'aligne certes pas sur la position des « narrativistes », qui ne distinguent pas la fiction de l'histoire[2]. Non seulement l'intrigue historique reste au niveau d'une « quasi-intrigue », mais le choix de cette dernière doit être justifié par des raisons. Reste que sans elle, l'événement ne saurait être véritablement compréhensible.

L'argumentaire de Ricœur repose toutefois sur l'idée que les ouvrages étudiés et notamment *La Méditerranée* représentent la forme d'histoire la plus hostile au récit : il doit donc *a fortiori* valoir pour tout type d'histoire. Or ce livre se prête au contraire particulièrement bien à cette démonstration. En effet, en superposant trois niveaux d'analyse sans fournir la clef de lecture de leur articulation, il n'assume pas d'ambition explicative et ne nous indique même pas en quoi consiste l'unité de son objet. Il est dès lors aisé de remplir les blancs laissés par l'historien, en repérant des personnages et en retraçant une intrigue.

Mais l'analyse de Ricœur fonctionne beaucoup moins bien lorsqu'elle s'applique à des ouvrages qui construisent explicitement leur objet et assument un projet explicatif,

1. P. Ricœur, *Temps et récit*, *op. cit.*, p. 288.

2. Voir par exemple H. White, « The Structure of Historical Narrative », *Clio I*, 1972, p. 5-19.

comme *L'Éthique protestante et l'esprit du capitalisme* de Max Weber. Cet ouvrage, relève Ricœur, explique l'événement que constitue l'apparition et la diffusion de la mentalité capitaliste en établissant une connexion causale avec certains traits de l'éthique puritaine. La quasi-intrigue proposée se distinguerait alors d'une intrigue fictionnelle par la justification du choix opéré: Weber aurait comparé les différentes causes possibles du capitalisme et considéré l'éthique protestante comme la plus probable, car « il aurait manqué [aux autres causes possibles] la puissance émotionnelle et la force de diffusion que seule l'éthique protestante pouvait apporter »[1]. Parmi les récits envisageables, celui qui passe par l'éthique protestante serait le plus vraisemblable. L'argument wébérien porterait donc sur la cohérence interne du récit.

Or cette analyse manque la procédure explicative qui fonde l'imputation causale chez Weber: la comparaison. L'ouvrage s'ouvre en effet sur une comparaison sociologique de l'activité professionnelle des différents groupes confessionnels dans plusieurs pays. Elle permet d'attester l'existence d'un lien entre protestantisme et capitalisme. La suite de l'ouvrage s'efforce de préciser la nature de ce lien, en mobilisant des connaissances plus générales sur le rapport entre éthique religieuse et éthique économique, fournies par les études wébériennes sur *L'éthique économique des grandes religions du monde* :

> [...] en donnant une vision globale des relations entre les religions des principales civilisations et l'économie et la stratification sociale du monde qui les entoure, [ces études] tentent d'examiner les deux relations causales de façon

1. P. Ricœur, *Temps et récit*, *op. cit.*, p. 268.

> suffisamment approfondie pour trouver des points de comparaison avec l'évolution occidentale, qu'il s'agit toujours d'analyser. Ce n'est que par ce biais qu'il est possible d'établir une imputation causale relativement univoque des éléments qui, par opposition à d'autres, sont propres à l'éthique économique religieuse occidentale [1].

L'imputation causale singulière, propre à l'histoire, suppose de faire appel à des règles causales génériques identifiées par la sociologie : « le jugement historique le plus simple concernant la "signification" historique d'un "fait concret" [...] n'acquiert objectivement de la validité que parce que nous *ajoutons à* la réalité "donnée" tout le trésor de notre savoir empirique d'ordre "nomologique" » [2].

On pourrait être tenté de voir là une perspective proprement sociologique et non historienne sur l'événement. Mais considérons un ouvrage écrit par un historien au sens disciplinaire du terme : *La société féodale* de Marc Bloch [3]. L'auteur ne se contente pas de raconter comment la féodalité européenne est apparue : il compare les régions féodales avec celles où, en dépit de conditions sociales relativement proches, la féodalité ne s'est pas développée. Il peut alors en conclure que le facteur différentiel est le type de filiation. Là où la filiation était purement agnatique (par le seul père), les clans étaient suffisamment bien délimités pour fournir une protection suffisante à l'individu, à la différence des régions

1. M. Weber, « Remarque préliminaire » (1920), *L'éthique protestante et l'esprit du capitalisme*, trad. fr. par I. Kalinowski, Paris, Flammarion, 2002 (2000), p. 64.

2. M. Weber, « Études critiques pouvant servir à la logique des sciences de la culture », *op. cit.*, p. 164.

3. M. Bloch, *La société féodale*, Paris, Albin Michel, (1939-1940) 1994.

où la filiation était double (par le père et la mère). Les rapports féodaux, fondés sur la soumission d'un homme à un seigneur, ont donc été institués dans ce second cas pour fournir à l'individu un protecteur clairement identifié.

La comparaison permet à Weber comme à Bloch de réaliser des imputations causales singulières, en dégageant par différence la spécificité du phénomène visé. Mais elle suppose d'en préciser préalablement la nature. En effet, ce n'est pas de la civilisation féodale, dans sa richesse et sa complexité, dont Bloch cherche ici la cause, mais d'un phénomène étroitement délimité : les rapports personnels de dépendance entre homme et seigneur. De la même façon, Weber ne cherche pas dans *L'Éthique protestante* les causes de l'apparition du capitalisme, qui sont évidemment multiples, mais de la diffusion rapide d'un esprit capitaliste défini par l'aspiration à un profit rationnellement escompté et toujours réinvesti. Cette caractérisation de leur objet d'étude est elle-même le fruit d'une comparaison : c'est en comparant la période féodale avec la précédente que Bloch peut voir dans ce type de lien social l'originalité de cette époque ; c'est la comparaison avec d'autres comportements économiques visant l'enrichissement qui permet à Weber de caractériser, par différence, la spécificité de la mentalité capitaliste.

L'usage de la comparaison permet donc de dépasser l'opposition entre une explication nomologique qui sacrifierait la singularité des phénomènes, et un récit des événements qui renoncerait à l'explication causale. Mais ce qui est comparé et expliqué, c'est l'apparition de phénomènes que l'on a abstraits du contexte empirique complexe dans lequel ils ont vu jour. Bien que les hommes du passé aient souvent perçu que quelque chose de nouveau se produisait avec l'avènement du capitalisme ou de la féodalité, cette perception ne coïncide pas avec l'objet étroitement défini dont la cause a été établie par l'historien. De plus, l'explication peut aller jusqu'à nier le caractère événementiel du phénomène : contre Montesquieu, pour qui la féodalité est « un événement arrivé une fois dans le monde », Bloch admet finalement avec Voltaire que « la féodalité n'est point un événement » [1], car ce type de structure sociale s'est formé dans plusieurs civilisations, et est susceptible de renaître ailleurs. À trop vouloir expliquer l'événement, n'a-t-on pas perdu ce qui faisait sa nature propre, à savoir l'expérience d'une discontinuité singulière dans le cours des choses ?

La discontinuité événementielle est-elle illusoire ?

Expliquer un événement par l'intermédiaire d'une comparaison différentielle permet de préserver sa singularité. Mais peut-on en dire autant de son caractère inédit et décisif ? Si on peut donner à un événement une cause non événementielle, on doit en conclure que son caractère inédit est l'effet de notre ignorance, puisque les mêmes causes produisent toujours les mêmes effets. Dès lors qu'il s'insère dans un réseau de causes et d'effets, il n'est pas non plus déterminant, puisqu'il n'est qu'un chaînon du processus. Pour reprendre l'exemple wébérien, si la diffusion de l'esprit du capitalisme s'explique par l'éthique puritaine, c'est cette dernière qui est réellement déterminante d'un point de vue causal. Or il suffira de s'intéresser à l'événement que constitue l'apparition de cette dernière pour lui trouver d'autres causes, et ainsi de suite.

1. M. Bloch, *La société féodale*, *op. cit.*, p. 603.

Des philosophes[1] comme des historiens[2] soutiennent ainsi la thèse selon laquelle expliquer l'événement conduit à occulter sa nouveauté et donc à le dissoudre.

Mais en quoi ce constat peut-il avoir valeur de critique? On pourrait en effet suggérer qu'il confond deux concepts d'événement: l'événement vécu comme inédit et décisif, et l'événement analysé et expliqué par l'historien, qui ne saurait reproduire le premier, la connaissance étant toujours une construction. Toutefois la critique de la dissolution de l'événementialité ne repose pas nécessairement sur une adhésion naïve au point de vue des acteurs. En réalité, elle ne prend tout son sens qu'une fois réarticulée à la critique politique qui la porte, selon laquelle la résorption de la nouveauté événementielle se fait au profit d'une illusoire continuité des institutions, d'une histoire écrite du point de vue des vainqueurs. Expliquer l'événement revient à faire rétrospectivement apparaître comme nécessaire ce qui était seulement possible, et par conséquent à négliger les activités humaines qui n'ont pas abouti à la constitution de l'ordre finalement établi.

La critique que Jacques Rancière adresse l'École des *Annales* est de cet ordre. Il identifie le péril de la disparition de l'événement à l'adoption d'un point de vue sociologique en histoire, en montrant que la sociologie (française) est née d'un effort pour dissoudre l'événement par excellence, la Révolution française, dans la continuité d'un processus social: « c'est parce qu'il y a eu la Révolution française que la sociologie est née, née d'abord comme dénonciation du

1. Voir par exemple H. Bergson, « Le possible et le réel » (1930), *La pensée et le mouvant*, Paris, P.U.F., (1938) 1993.

2. Voir par exemple M. Riot-Sarcey, *Le réel de l'utopie. Essai sur la politique au XIXe siècle*, Paris, Albin Michel, 1998.

mensonge des mots et des événements, comme utopie d'un social adéquat à lui-même»[1]. Adopter une perspective d'histoire sociale sur la Révolution conduit à rechercher les mutations sociales «réelles» qui se sont produites en deçà de l'hyperbole du discours des acteurs. Or, parce que la Révolution est un événement de parole – elle proclame ainsi «les droits de l'homme» sans réaliser l'égalité effective de tous les hommes –, cette recherche ne conduit à rien ou presque, et l'événement se trouve dissout dans la continuité de l'évolution sociale. La Révolution constitue pourtant une rupture significative en tant qu'elle ouvre un avenir, rendant possible un nouveau type de luttes politiques qui s'approprieront l'universalisme révolutionnaire pour mettre en cause les inégalités les plus enracinées.

Si l'histoire veut éviter de détruire son propre objet, l'événement, elle doit selon Rancière mettre en récit les discours singuliers des sujets plutôt que tenter d'expliquer leurs comportements de façon générique. C'est ici la parole humaine qui fait événement, en tant qu'elle est l'expression d'une subjectivité qui ne saurait se résorber dans aucune identité sociologique fixée d'avance. On retrouve alors le troisième sens de l'événement dégagé en introduction : il est significatif en tant qu'il témoigne de la présence d'un sujet humain. En se faisant récit des luttes contre la domination instituée, dont la forme n'est pas celle d'un déroulement continu de causes et d'effets, mais d'événements ponctuels entrant en résonance les uns avec les autres, l'histoire retrouve alors son rôle proprement politique.

1. J. Rancière, *Les mots de l'histoire*, Paris, Seuil, 1992, p. 77.

Le problème de la description proposée par Rancière de la fonction politique de l'histoire est qu'elle entre en tension avec son statut de science humaine. La difficulté ne réside pas ici dans une exigence de neutralité de la science, mais dans le fait qu'une science humaine doit pouvoir, par définition, s'appliquer à toute forme d'existence humaine. Or le type d'événement que décrit Rancière a pour modèle la Révolution française. L'expérience d'une vie orientée par des événements déterminants ou éclairée par des événements significatifs est elle-même historiquement et culturellement située. Reinhardt Koselleck a montré que cette conception historicisée de l'expérience humaine s'est formée au XVIIIe siècle. On voit alors apparaître l'idée que l'action humaine peut orienter le cours de l'histoire[1], ainsi que le concept moderne de Révolution comme discontinuité radicale entraînant des conséquences décisives[2]. C'est d'abord le discours qui reçoit une nouvelle structure temporelle : les concepts politiques modernes comme « républicanisme », « libéralisme » ou « communisme », sont des « concepts temporels de compensation » : « l'attente qu'ils placent dans le temps à venir est en proportion inverse de l'expérience qui leur manque »[3]. Cette nouvelle « force diachronique »[4] des concepts modernes est qui leur permet de faire exister des « événements de parole »[5] :

1. R. Koselleck, « Du caractère disponible de l'histoire », *Le futur passé. Contribution à la sémantique des temps historiques*, trad. fr. par J. et M.-C. Hook, Paris, EHESS, 1990, p. 233-247.

2. R. Koselleck, « Critères historiques du concept de “révolution” des temps modernes », *ibid.*, p. 63-80.

3. R. Koselleck, « Sémantique des concepts de mouvement dans la modernité », *ibid.*, p. 291.

4. *Ibid.*, p. 293.

5. J. Rancière, *Les mots de l'histoire*, *op. cit.*, p. 83, *sq.*

le discours ne se présente pas comme une description de ce qui est mais comme l'ouverture d'un avenir possible. Plus en amont encore, cette conception de l'événement s'enracine dans le christianisme. Bien avant la Révolution française, « les actions du Christ se manifestent comme le type de ce qui est événement : ce qui a eu lieu et date, qu'on ne saurait omettre, que tout préparait et qui influe sur ce qui serra et qui l'annonce »[1]. En s'incarnant, le Dieu chrétien produit une discontinuité fondamentale dans le cours du temps, qui l'éclaire en retour dans sa totalité, la datation historique même étant relative au point de départ que constitue la naissance du Christ. L'idée que l'événement est « significatif » en tant qu'il révèle le propre de l'expérience humaine est difficilement dissociable de cet héritage religieux.

Si cette expérience de l'événement n'existe pas réellement avant le XVIIIe siècle, et encore moins avant le christianisme, elle est *a fortiori* absente des sociétés que l'on nomme « sans histoire », c'est-à-dire qui ne se conçoivent pas comme historiques. Elles font appel à des mythes situés hors du temps pour doter d'un sens anhistorique les faits nouveaux (c'est-à-dire les événements au sens faible) qui ont lieu.

On ne saurait toutefois opposer, comme le montre Lévi-Strauss, notre courageuse acceptation du caractère ouvert de la temporalité à leur frileux refus de l'événementialité. En effet, là où ces sociétés répugnent à reconnaître que des événements inédits se produisent, nous répugnons nous-même à admettre que nous utilisons des schèmes anciens pour penser le nouveau. Si l'histoire n'est pas une dispersion

1. F. Châtelet, *La naissance de l'histoire*, t. 1, Paris, Seuil, (1962) 1996, p. 25.

irrationnelle de faits irréductiblement contingents mais un devenir articulé par des événements décisifs, c'est parce que nous lui appliquons un schème interprétatif : il y a une « régulation structurale du devenir historique »[1]. L'histoire joue pour nous le rôle de mythe. Mais alors que dans les mythes des sociétés dites « sans histoire », le récit mythique et les événements réels constituent des séries distinctes bien que renvoyant l'une à l'autre, dans les mythes historiques, la fusion de la série événementielle et de la série chronologique engendre l'image d'un temps continu, comme le caractère ouvert de la série celle d'un temps créateur et indéterminé. Ce sont là des fictions, car la connaissance historique utilise une multiplicité de codes chronologiques inconciliables, qui constituent des systèmes de référence autonomes. Un événement n'est significatif qu'en regard du code qui lui est appliqué. Codés dans le système utilisé pour raconter la préhistoire, tous les faits de l'histoire politique cesseraient d'apparaître comme des événements décisifs[2]. L'événement ne saurait donc produire de discontinuité, puisque la continuité temporelle est elle-même une illusion générée par le fonctionnement de nos mythes.

Le caractère mythique de l'histoire ne se limite pas à la production du sentiment de continuité : elle offre aussi une grille d'analyse précise des événements. Certaines périodes spécifiques sont utilisées comme des mythes anhistoriques permettant d'interpréter une multiplicité de séquences temporelles. Si la Révolution française peut être perçue

1. C. Lévi-Strauss, *La pensée sauvage*, Paris, Plon, (1962) 1990, p. 88.
2. *Ibid.*, p. 310.

comme un événement « fondateur »[1], c'est précisément parce qu'elle joue ce rôle de « schème doué d'une efficacité permanente »[2] : elle fournit un modèle pour penser d'autres événements politiques et sociaux qualifiés de « révolutions ». Bien que construit à partir d'une séquence d'événements passés, il permet ensuite, comme tout mythe, d'intégrer les événements nouveaux dans une structure préexistante pour lui donner sens. De même que les sociétés « sans histoire » donnent sens à leur expérience à partir de récits mythiques situés hors du temps, de même utilisons-nous des récits situés dans une chronologie historique.

Le concept d'événement apparaît alors comme le support propre aux mythes historiques. Le sociologue Maurice Halbwachs a ainsi montré que nous avons, dans les sociétés historiques, besoin de nous représenter nos idées les plus abstraites sous la forme d'événements ayant eu lieu dans le passé. Mais par conséquent, le sens que nous leur donnons se transforme également en fonction des représentations du présent, lors même que nous pensons perpétuer une tradition ou une préserver une mémoire. Ainsi en est-il de ce que nous avons identifié comme le premier modèle de l'événement, à savoir la vie du Christ : « La mémoire collective chrétienne adapte à chaque époque ses souvenirs des détails de la vie du Christ et des lieux auxquels ils se rattachent aux exigences contemporaines du christianisme, à ses besoins et ses aspirations »[3].

1. Par exemple, A. Farge, *Le goût de l'archive*, *op. cit.*, p. 120.

2. C. Lévi-Strauss, *Anthropologie structurale*, Paris, Plon, 1958, p. 231.

3. M. Halbwachs, *Topographie légendaire des évangiles*, Paris, P.U.F., (1941) 1971, p. 163.

Si l'identification et l'interprétation des événements qui semblent les plus « significatifs » évolue à travers le temps, ne faut-il pas renoncer à faire de l'événement un concept opératoire pour les sciences humaines? Il ne désignerait alors plus pour elles qu'un type d'expérience susceptible d'être observé et analysé : ainsi, « la Grande Peur » de 1789 reste instructive pour les historiens, alors même que l'événement censé l'avoir provoquée (une attaque massive de brigands envoyés par l'aristocratie) était en réalité imaginaire[1]. L'événement n'interviendrait en sciences humaines qu'en tant que représentation collective des individus étudiés.

Trois types de considérations permettent toutefois d'infléchir cette thèse.

Tout d'abord, il serait illusoire de supposer l'existence d'une science coupée du type de codage mythique propre à son époque. Les procédures de la science ne sont pas extérieures aux cadres sociaux de la pensée. La différence entre science historique et mémoire collective n'est pas pour autant effacée, dès lors que l'on distingue, avec Weber[2], entre les procédures d'explication, qui rompent comme on l'a vu avec l'expérience de l'événement, de la sélection première des événements à expliquer et plus en amont de la perception du réel en termes d'événements, qui relèvent de la culture.

Par ailleurs, le sentiment de vivre dans une société et une époque dans laquelle il « se passe » plus de choses qu'en d'autres sociétés ou époques, pour être illusoire, n'en repose pas moins sur un substrat empirique. Lévi-Strauss affirme

1. G. Lefebvre, *La grande peur de 1789*, Paris, Armand Colin, (1932) 1970.

2. M. Weber, « Études critiques pouvant servir à la logique des sciences de la culture », *op. cit.*, p. 282.

ainsi que «la discipline historique n'a de sens que parce qu'elle s'applique à une société organisée de façon statistique»[1]. Ainsi, alors que le système de parenté propre à une société organisée de façon «mécanique» permet de déterminer quel individu épousera préférentiellement quel autre, les règles de mariages étant prescriptives, dans une société organisée de façon «statistique», le système de parenté est dépourvu de telles lois: on peut seulement prévoir l'évolution d'ensemble du système des mariages selon certaines variables, mais non la place qu'y occupera probablement chaque élément. Il existe donc beaucoup plus d'événements au sens de faits individuellement imprévisibles dans les sociétés modernes. L'événement est ici inédit en un sens qui se distingue de ceux donnés en introduction: il n'est pas inédit au seul sens où il est situé dans le temps, mais pas non plus au sens où il introduirait une rupture dans l'ordre des choses. Il est inédit parce que contingent en un sens faible, c'est-à-dire qu'il ne saurait, pris individuellement, être prévu. Le gain peut toutefois paraître négligeable, car les événements ainsi définis sont, au niveau collectif, non décisifs et même insignifiants, puisque l'on peut, à travers leur contingence même, dégager des règles statistiques. On est bien loin de l'événement révolutionnaire produisant une rupture décisive.

Il est cependant possible, à partir de ce nouveau sens du concept d'événement, de retrouver une conception de la discontinuité événementielle susceptible d'être utilisée de façon générique en sciences humaines. Cette discontinuité ne s'opposera alors plus à la continuité de la temporalité mais à la régularité d'un système de codage. En effet, si les sociétés

1. C. Lévi-Strauss, *Anthropologie structurale*, *op. cit.*, p. 315.

étudiées par Lévi-Strauss ne connaissent pas l'idée d'événement comme rupture décisive dans le cours du temps, elles rencontrent bien des événements imprévus. Les structures sont précisément des tentatives pour réguler le flux événementiel.

> Tous les peuples des deux Amériques semblent n'avoir conçu leurs mythes que pour composer avec l'histoire et rétablir, sur le plan du système, un état d'équilibre au sein duquel viennent s'amortir les secousses plus réelles provoquées par les événements [1].

Lévi-Strauss distingue donc bien le plan du sens vécu (qui peut, selon les sociétés, prendre ou non la forme d'une suite d'événements historiques) de celui des événements « réels » qui sont à ses yeux l'objet de l'histoire mais non directement de l'anthropologie. Or si la plupart de ces événements se laissent aisément interpréter rétrospectivement par le mythe, d'autres atteignent sa structure même. Lévi-Strauss prend l'exemple fictif d'une tribu dont l'organisation en trois clans (l'aigle, la tortue et l'ours) permet l'utilisation généralisée d'un symbolisme ternaire. Mais une épidémie provoque l'extension du clan de l'ours, alors que celui de la tortue prolifère : la structure se trouve ainsi atteinte de l'extérieur par un événement historique auquel elle ne peut donner sens. Toutefois, au bout d'un certain temps, se produit une scission interne du clan de la tortue en clans de la tortue jaune et de la tortue grise, permettant de maintenir la structure ternaire originaire des mythes de cette tribu, en la compliquant d'une nouvelle dualité [2].

1. C. Lévi-Strauss, « Le temps du mythe », *Annales E. S. C.*, 3-4, 1971, p. 537.

2. C. Lévi-Strauss, *La pensée sauvage*, Paris, Plon, (1962) 1990, p. 86-88.

Ainsi, même si l'on renonce à l'événement au sens fort comme rupture décisive, on retrouve, à partir de l'événement au sens faible comme simple fait contingent, l'idée de discontinuité : certains événements peuvent atteindre la structure interprétative même, et provoquer une mutation interne de cette dernière. Ils ne se distinguent pas des autres par leur nature, mais seulement par leur rapport à une structure donnée. De ces événements, on ne peut toutefois rien dire : ils n'ont en eux-mêmes aucun sens, puisqu'ils sont extérieurs à la structure fournissant le sens.

Dans les sociétés historiques, la distinction est moins évidente, car nous transformons les événements « réels » en événements racontés, au lieu de les transformer en non-événements. L'événement que constitue une rupture d'intelligibilité est immédiatement interprété comme un événement significatif au sein d'un nouveau récit. Mais la distinction entre les deux types d'événements ne saurait être effacée. L'usage des schèmes intemporels que nous utilisons pour déchiffrer le passé, guider le présent et anticiper l'avenir, est lui-même situé dans l'histoire, car il est affecté par des événements contingents qui érodent (progressivement ou brutalement) les éléments qui le composent : si notre vision du monde est « au point » sur la Révolution française, affirme Lévi-Strauss, elle cessera un jour de l'être, comme il en a été pour la Fronde [1].

La distinction entre l'événement interprété au sein d'une structure symbolique et l'événement atteignant la structure symbolique de l'extérieur se retrouve chez Sigmund Freud avec le concept de « trauma ». Le trauma est un événement psychique qui résiste à la symbolisation, et met ainsi en péril

1. C. Lévi-Strauss, *La pensée sauvage*, *op. cit.*, p. 303.

l'équilibre psychique. Il induit alors la production d'un symptôme, dont la répétition est une tentative de symbolisation imparfaite, vouée à l'échec [1]. Le symptôme est donc une forme intermédiaire entre l'événement traumatisant et l'événement pleinement symbolisé. Il n'est toutefois pas aisé d'identifier de tels événements traumatiques, puisqu'ils sont par définition ce qui ne saurait se raconter. Le récit d'une expérience vécue comme traumatisante ne fournit donc pas un accès direct au trauma initial, qui peut d'ailleurs n'avoir pas eu lieu. Freud découvre ainsi que les événements traumatiques qu'il pensait dans un premier avoir temps identifiés comme les causes des névroses, à travers les récits qu'en faisaient ses patients, étaient déjà eux-mêmes des événements fantasmés [2].

Les sciences humaines peuvent analyser la construction sociale ou psychique de récits permettant d'interpréter l'expérience, au sein desquels des événements se donnent à voir comme significatifs. Elles peuvent aussi partir de ce qui leur apparaît, du point de vue culturellement situé qui est le leur, comme des discontinuités déterminantes dans l'histoire humaine, et tenter de les expliquer par comparaison. Ce faisant, elles ne rendent que partiellement compte du sentiment de discontinuité temporelle, qui n'est toutefois que le revers du sentiment illusoire de continuité de l'expérience subjective.

1. S. Freud, *Au-delà du principe de plaisir*, trad. fr. par J. Laplanche et J.-B. Pontalis, Paris, Payot & Rivages, (1920) 2010.

2. Voir S. Freud, « Les voies de la formation des symptômes », *Conférences d'introduction à la psychanalyse*, trad. fr. par J.-B. Pontalis, Paris, Gallimard, (1917) 1999, p. 455-478.

Mais quoique l'expérience de l'événement inédit et significatif soit en partie dissoute par les sciences humaines, nous ne sommes pour autant reconduits à une notion d'événement qui se confondrait avec celle de fait simplement datable. Il faut en effet distinguer entre le fait d'emblée perçu et interprété, qui prend sens au sein d'un récit, et le fait qui ne signifie rien car il est ce qui met la structure de sens en péril. Ce dernier n'est même pas « ce qui arrive », car ce qui arrive est déjà situé dans le temps, et en tant que tel dans un code chronologique. On peut dire qu'il désigne le réel en tant qu'il ne se laisse jamais appréhender totalement par une structure interprétative. Mais de façon plus significative pour les sciences humaines, il est ce qui se manifeste négativement par l'échec de la compréhension. Ce qui fait d'abord événement pour elles, ce sont les ruptures d'intelligibilités exigeant d'elles la production de nouvelles structures d'interprétation et de nouveaux modes d'explication.

LA NATURE

Considérer « la nature » comme l'un des concepts clés des sciences humaines ne va pas de soi. Le sens commun rattache en effet spontanément l'homme ainsi que ses œuvres à l'univers des conventions, de l'artifice, c'est-à-dire à ce que l'on rassemble sous l'idée de « culture ». À côté de l'ordre nécessaire, immuable et aveugle de la nature, on devrait ainsi réserver une place pour cet autre régime de régularité qui est celui des affaires humaines. Soumis à la contingence, régi par des conventions plus ou moins arbitraires, et orienté par nos intentions, cet ordre constituerait par excellence le domaine d'enquête des sciences humaines et sociales, qui trouveraient ainsi un appui empirique à leur séparation avec les sciences naturelles.

Mais l'évidence du partage entre le naturel et le social rencontre rapidement ses limites. On a par exemple de longue date fait l'hypothèse d'une influence du climat sur les hommes, sur leur complexion physiologique ou leur tempérament, mais aussi sur leurs lois, sur les formes de leur gouvernement. Ainsi en est-il chez Hippocrate déjà, et plus tard chez Montesquieu[1]. En outre, s'il va de soi que la survie de l'espèce humaine est soumise à des contraintes qui pèsent également sur tous les vivants (se reproduire, se nourrir), cette dépendance prend chez les hommes des formes variées, que sont les règles de la parenté et de l'économie. Les formes sociales de l'existence sont donc ancrées dans une réalité naturelle qu'elles problématisent immédiatement. En témoigne encore le fait que les paysages que l'on identifie volontiers comme naturels sont souvent le produit d'une longue histoire agricole, les forêts sont coupées ou entretenues, l'espace découpé par les voies de communication et l'habitat. L'appropriation humaine de la nature connaît bien des degrés, dont le système industriel occidental est sans doute un point extrême, mais les sociétés de chasseurs-cueilleurs, que l'on considère souvent comme l'exemple d'une faible emprise sur l'environnement n'en sont pas exemptes. Si chez elles la marque visible de cette emprise reste discrète en raison du faible développement de leur système technique, elle se traduit mieux encore sous la forme de connaissances zoologiques, botaniques, ou encore astronomiques qui dépassent souvent de loin les nôtres. Par le biais de la connaissance et de la fréquentation quotidienne, la nature sauvage peut ainsi devenir domestique, familière – un peu moins étrangère qu'il n'y paraît.

Les sciences humaines ont donc affaire à la nature, ne serait-ce que par le biais des attitudes culturellement fixées à travers lesquelles s'organisent sa prise en charge et sa transformation. Dès lors qu'elle est conçue comme une référence nécessaire pour les communautés humaines, dès lors que l'on

1. Hippocrate, *Airs, eaux, lieux*, trad. fr. par P. Maréchaux, Paris, Payot & Rivages, 1996; Montesquieu, *De l'esprit des lois*, Paris, Flammarion, 1979.

considère la dynamique sociale comme indissociable d'une relation collective au milieu ou à certains de ses traits, c'est bien une approche sociologique, ethnologique, ou historique de la nature qui devient possible. Dans ces conditions, en effet, la nature cesse de n'être que la toile de fond sur laquelle se déploieraient des activités humaines enfermées dans leur spécificité, pour devenir leur partenaire nécessaire, quoique problématique, puisqu'il semble difficile de saisir une fois pour toutes où s'arrête la nature, et où commence le social.

À cet égard, le problème que pose la nature aux sciences humaines renvoie à certains enjeux plus proprement conceptuels. L'idée de nature apparaît en effet d'emblée comme un des éléments les plus équivoques du répertoire philosophique traditionnel, auquel on peut aller jusqu'à refuser toute pertinence objective[1]. On voit par exemple souvent un écart sémantique préjudiciable entre la nature entendue comme nom collectif – l'ensemble des existants non-humains – et la nature entendue comme mode d'être – celui de la régularité causale universelle. L'idée de nature rassemble ainsi d'un côté des choses et de l'autre des règles, ou des processus : sa référence n'est donc pas univoque, ni même stable. Dans une autre perspective, cette notion est prise entre une acception descriptive et un sens normatif, diversement assumés : ce qui est naturel, c'est d'abord ce qui existe dans sa consistance propre, sans plus ; mais c'est aussi ce qui doit être, c'est-à-dire ce qui doit convenir à un modèle de référence à l'aune duquel on jugera de la valeur, voire de la réalité d'une chose. Ces deux tensions conceptuelles soulèvent chacune à sa manière la

1. Voir par exemple J. S. Mill, *La nature*, trad. fr. par E. Reus, Paris, La Découverte, 2003.

question de la place qui revient à l'homme. Tantôt naturel, en tant que vivant, tantôt hors nature, en tant qu'être libre, l'homme est également celui qui institue ses habitudes sous la forme de règles, ou de lois, et ainsi qui leur donne une dimension naturelle. L'idée de nature recèle donc de nombreuses équivoques, rendant son usage difficile. On peut ainsi aller jusqu'à un scepticisme radical à son sujet, un scepticisme qui peut s'alimenter de l'idée selon laquelle toutes les sociétés humaines ne rendent pas compte du monde qui les entoure à travers cette notion.

Or l'usage que font les sciences humaines de ce concept permet précisément d'interroger ces difficultés. En mettant l'accent sur les formes collectives du rapport à l'environnement, elles permettent en effet d'éclairer la façon dont se structurent ces relations, et donc la signification même du concept qui, depuis la Grèce ancienne, joue un rôle décisif dans la compréhension que nous en avons. Qu'elle prenne la forme de connaissances, de valorisations, ou encore d'usages pratiques, la prise en charge de l'environnement naturel apparaît comme un fait social de première importance, qui fait l'objet d'une étude pour elle-même. Car si la place de l'idée de nature dans la formation de l'expérience et du jugement peut être discutée, il en va de même de son influence sur la vie sociale : que serait l'économie sans l'idée d'une disponibilité de la nature ? Que serait le droit sans l'idée d'une dignité distinctive de l'homme ? Qu'est-ce qui distingue des nôtres les religions qui vénèrent des figures animales ? Pourquoi refusons-nous (en principe) de prendre des décisions politiques en fonction de l'alignement des planètes ? Ces questions renvoient toutes à l'effet structurant que joue l'identification d'une différence entre ce qui est naturel et ce qui ne l'est pas.

Derrière l'idée de nature, il y a donc l'ensemble des formes sociales à partir desquelles se noue un rapport au milieu environnant, or ce sont elles que les sciences humaines étudient. Nous analyserons ces enjeux de deux façons. D'abord en interrogeant la construction de ces rapports, c'est-à-dire ce qui revient aux causes naturelles et aux causes sociales dans le dynamisme qui les associe ; ensuite en approfondissant la signification même de cette association, et en demandant ce que cela signifie de concevoir fondamentalement les communautés humaines à travers l'idée de socialisation de la nature.

CAUSES NATURELLES ET RAISONS SOCIALES : LA QUESTION DU DÉTERMINISME

La géographie vidalienne et ses prolongements

Pour les sciences humaines, l'enjeu prioritaire lié à l'idée de nature est celui du déterminisme : les faits sociaux sont-ils des phénomènes naturels comme les autres ? Et si une quelconque autonomie doit leur être accordée, comment concevoir sa régularité, son régime causal propre ?

Au tournant du XXe siècle, c'est essentiellement du côté de la géographie humaine que ces questions sont abordées. L'école française de géographie, dont l'acteur principal est Paul Vidal de la Blache (1845-1918), se présente en effet comme une critique du réductionnisme écologique, ou du fonctionnalisme, développé auparavant en Allemagne par Friedrich Rätzel sous le nom d'*Anthropogeographie*. Rätzel met l'accent sur les contraintes adaptatives qui pèsent sur le déploiement de la civilisation humaine : conformément aux principes de l'évolutionnisme naissant, qu'Ernst Haeckel a très tôt importé outre-rhin, les activités humaines sont considérées comme l'effet de causes naturelles, dans lesquelles doit être recherchée l'explication de leur logique. Le processus de civilisation est alors considéré comme un affranchissement progressif à l'égard de ces conditions, les sociétés «primitives» étant conçues comme étant plus «proches» de la nature que les sociétés modernes. La démarche de Vidal de la Blache se réclame elle aussi d'un certain naturalisme, mais qui ne renvoie plus cette fois à un déterminisme causal dogmatique. La géographie est naturaliste en ce qu'elle doit procéder à l'analyse minutieuse de l'ensemble des phénomènes par lesquels se traduit l'emprise des communautés humaines sur leur milieu : les activités agricoles, les transports, l'implantation des villes, etc., tous ces phénomènes participent d'un processus qui, même s'il dépend de conditions extérieures données, finit par construire une réalité qui apparaît comme unique, et qui doit être analysée comme telle. Si la géographie est essentiellement la science de l'espace, c'est-à-dire de la différenciation des lieux et des milieux socialisés, elle implique un dépassement immédiat de la frontière entre le naturel et le social. Les paysages qui s'offrent à l'observation géographique sont ainsi des composés de nature et d'artifice, d'humain et de non-humain, dont la logique doit être recherchée en deçà de leur division[1]. La géographie est donc l'étude des médiations qui assurent la continuité entre les circonstances naturelles et les activités humaines, ainsi que leur distribution dans l'espace, et cela sans

1. Pour une présentation générale de ces enjeux, voir P. Vidal de la Blache «Le principe de la géographie générale», *Annales de Géographie*, vol. 5, 20, 1896.

que le pouvoir causal ne soit entièrement reporté sur le donné écologique.

Vidal de la Blache a fixé ces réflexions sous la notion de « genre de vie ». Cette expression désigne l'ensemble des conditions matérielles que sont la nourriture, le vêtement, l'habitat, les techniques d'acquisition et de production des ressources, ainsi que les habitudes et usages qui leurs sont associés. Ces pratiques et ces mœurs qui forment un genre de vie ne sont donc rien d'autre que ce que l'on nomme ordinairement culture, mais en tant qu'elles se tournent vers un monde extérieur, au contact duquel se construit leur logique. Non pas celle de la détermination causale, mais celle de la construction mutuelle.

> Un genre de vie constitué implique une action méthodique et continue, partant très forte, sur la nature, ou, pour parler en géographe, sur la physionomie des contrées. Sans doute, l'action de l'homme s'est fait sentir sur son « environnement » dès le jour où sa main s'est armée d'un instrument ; on peut dire que dès les premiers débuts des civilisations, cette action n'a pas été négligeable. Mais tout autre est l'effet d'habitudes organisées et systématiques, creusant de plus en plus profondément leur ornière, s'imposant par la force acquise aux générations successives [...] [1].

Les « genres de vie » ne correspondent donc pas seulement aux activités explicitement tournées vers la nature, car les habitudes collectives et la dynamique sociale dans son ensemble contribuent à rendre effective l'emprise environnementale des hommes, et cela sous des formes toujours singulières qui

1. P. Vidal de la Blache, « Les genres de vie dans la géographie humaine », *Annales de Géographie*, vol. 20, n°111, 1911, p. 194.

ne tiennent pas seulement à la variété des conditions écologiques, mais aussi à celle des peuples eux-mêmes. Les genres de vie ne sont donc pas des réalités épiphénoménales, puisqu'elles jouent un rôle positif dans la construction des rapports collectifs à la nature. Plus loin, Vidal de la Blache explicite certaines conséquences de ces vues :

> En résumé, l'action de l'homme s'exerce aux dépens d'associations préexistantes, qui lui opposent une résistance inégale. S'il a réussi à transformer à son profit une grande partie de la terre, il ne manque pas de contrées où il est resté à la suite. Le succès, dans les parties de la terre qu'il est parvenu à humaniser, n'a été obtenu qu'au prix d'une offensive, où, d'ailleurs, il a trouvé des alliés ; son intervention a, pour ainsi dire, déclanché des forces qui restaient en suspens. Pour constituer des genres de vie qui le rendissent indépendant des chances de nourriture quotidienne, l'homme a dû détruire certaines associations d'êtres vivants pour en former d'autres [1].

Ce passage éclaire l'idée selon laquelle le social est une force formatrice majeure, capable de reconfigurer des milieux non seulement dans leur apparence, leur modelé, mais aussi dans leur structure écologique profonde. Les « associations » végétales et animales, notion clé de la botanique et de la zoologie d'alors, sont bouleversées par l'homme qui doit y trouver sa place, et donc construire un environnement qui lui est favorable quand la nature n'en fournit pas d'elle-même. C'est sans doute à travers ce processus que la solidarité du naturel et du social se montre sous sa forme la plus aboutie.

1. P. Vidal de la Blache, « Les genres de vie dans la géographie humaine », *op. cit.*, p. 200.

Mais ce passage soulève également un enjeu important pour les discussions sur le régime explicatif des sciences humaines. En effet, l'auteur y évoque l'affranchissement à l'égard du hasard (les « chances de nourriture quotidienne ») : en construisant des genres de vie, les hommes maîtrisent en partie les causes naturelles qui agissent sur eux, et peuvent ainsi dans une certaine mesure avoir un accès régulier aux ressources quand bien même les circonstances seraient difficiles. Cette réflexion sur le hasard et les moyens de le neutraliser permet de comprendre que, dans le cadre de la géographie humaine, la nature n'est jamais un simple répertoire de causes directes.

La rupture entre l'homéostasie idéale du régime de subsistance et le caractère irrégulier et imprévisible des conditions naturelles est une expression remarquable de ce que l'on appellera ensuite le « possibilisme ». Cette notion a été introduite par Lucien Febvre (1878-1956) dans *La terre et l'évolution humaine* pour mettre à distance toute forme de causalisme et de fonctionnalisme. Prises dans leur consistance propre, les conditions naturelles ne forment pas un répertoire de causes agissantes, car elles ne deviennent telles qu'à condition d'être activées par les hommes. Les causes dépendent en un sens de leurs conséquences, puisque pour prendre un exemple, les ressources en poisson n'en sont que si la pêche se développe, et un sous-sol riche en fer n'est une chance que si la technique de la métallurgie est là pour l'actualiser[1]. Dans le cadre de ce possibilisme, ce que la nature fait à l'homme et ce que l'homme fait à la nature participent d'un dynamisme commun où l'on ne sait jamais à l'avance ce qui sera une cause

1. L. Febvre, *La terre et l'évolution humaine. Introduction géographique à l'histoire*, Paris, La Renaissance du Livre, 1922.

et quels seront ses effets, rendant à l'univers social une partie de la contingence qui le caractérise :

> Pour agir sur le milieu, l'homme ne se place pas en dehors de ce milieu. Il n'échappe pas à sa prise au moment précis où il cherche à exercer la sienne sur lui. Et la nature qui agit sur l'homme d'autre part, la nature qui intervient dans l'existence des sociétés humaines pour la conditionner, ce n'est pas une nature vierge, indépendante de tout contact humain ; c'est une nature déjà profondément « agie », profondément modifiée et transformée par l'homme. [1]

De l'ordre naturel à l'ordre symbolique

Cette solidarité du naturel et du social entre en tension avec les principes de l'école sociologique établis par Emile Durkheim dans les *Règles de la méthode sociologique* : analyser les faits sociaux comme des réalités *sui generis* tend en effet à maintenir la nature dans un rôle d'entourage, de contexte, coupé de la dynamique sociale elle-même. Et pourtant, Durkheim et Marcel Mauss se sont très tôt confrontés à ces questions. Une des meilleures expressions de ce souci est un texte de Mauss datant de 1904, et intitulé « Essai sur les variations saisonnières des sociétés eskimos ». Derrière ce titre énigmatique se cache une contribution majeure à ce que l'on appelait alors la morphologie sociale : on entendait par là l'étude du « substrat matériel des sociétés, c'est-à-dire la forme qu'elles affectent en s'établissant sur le sol, le volume et la densité de la population, la manière dont elle est

1. L. Febvre, *La terre et l'évolution humaine*, *op. cit.*, p. 439.

distribuée »[1]. Il s'agit donc de la branche de la science sociale qui recouvre l'objet de la géographie, et qui témoigne de la tentation hégémonique des sociologues de cette génération. Mauss s'accorde pourtant avec les géographes sur la critique du déterminisme causal, puisqu'il a lui aussi intérêt à faire ressortir la spécificité des déterminants proprement sociaux de la vie collective. De ce point de vue, la question des variations saisonnières apparaît d'abord comme une menace planant sur l'explication sociologique : le rythme saisonnier influe en effet directement sur l'organisation de la vie religieuse, puisqu'il divise à la fois la vie économique et les moments rituels en deux massifs distincts :

> La religion des eskimos passe par le même rythme que leur organisation. Il y a, pour ainsi dire, une religion d'été et une religion d'hiver, ou plutôt il n'y a pas de religion en été. Le seul culte qui soit alors pratiqué c'est le culte privé, domestique : tout se réduit aux rites de la naissance et de la mort et à l'observation de quelques interdictions. [...] La vie est comme laïcisée[2].

L'hiver, la communauté est resserrée, et peut ainsi procéder aux rituels majeurs de la vie religieuse qui impliquent tous ses membres ; l'été, on profite des faveurs du climat pour partir à la chasse, les groupes se dispersent et les liens sociaux se font plus lâches, distendus, la vie religieuse moins intense. Mais, ajoute Mauss, « cette opposition de la vie d'hiver et de la vie d'été ne se traduit pas seulement dans les rites, dans les fêtes, dans les cérémonies religieuses de toutes sortes ; elle

1. M. Mauss, « Essai sur les variations saisonnières des sociétés eskimos », *Sociologie et anthropologie*, Paris, P.U.F., (1950) 2004, p. 389.
2. *Ibid.*, p. 443-444.

affecte aussi profondément les idées, les représentations collectives, en un mot toute la mentalité du groupe »[1]. Autrement dit, la mise en ordre de la vie sociale en général emprunte au donné écologique certains de ses traits saillants, qui constituent comme un appui extérieur pour satisfaire le besoin proprement social de classification, de hiérarchisation des hommes. Chez les Eskimos, rapporte Mauss, les hommes sont classés en deux catégories, ceux qui sont nés l'été et ceux qui sont nés l'hiver; ces deux catégories se font face lors de cérémonies agonistiques, qui mettent en scène l'organisation sociale au cours de jeux et d'affrontements ritualisés.

> Ainsi, la manière dont sont classés et les hommes et les choses porte l'empreinte de cette opposition cardinale entre les deux saisons. Chaque saison sert à définir tout un genre d'êtres et de choses. [...(On peut dire que la notion de l'hiver et la notion de l'été sont comme deux pôles autour desquels gravite le système d'idées des Eskimos[2].

Les saisons ne sont donc pas seulement des causes, ou des occasions naturelles, mais de véritables catégories mentales issues de l'expérience, et plus exactement de l'expérience sociale. L'organisation des hommes emprunte aux discontinuités naturelles certaines de ses formes, mais elle leur donne une signification radicalement nouvelle, qui est sociale. Si l'on s'en tient à une description des effets du milieu sur l'organisation sociale, on manque ainsi totalement les raisons qui peuvent expliquer que tel ou tel aspect de ce milieu naturel soit élu comme un critère distinctif pour organiser les représenta-

1. M. Mauss, « Essai sur les variations saisonnières des sociétés eskimos », *op. cit.*, p. 447-448.

2. *Ibid.*, p. 450.

tions et les pratiques collectives. Toutes les régions du monde connaissent en effet des variations saisonnières, mais toutes ne font pas de ce rythme naturel le fondement de leur conception du monde et d'elles-mêmes. Entre la diversité indéfinie des particularités écologiques générales propres au milieu polaire et l'opposition distinctive de l'hiver et de l'été telle qu'elle est investie au niveau du social, il y a donc une différence qualitative : pour qu'un trait naturel « ser[ve] à définir tout un genre d'êtres et de choses », il doit être détaché de l'indistinction du divers écologique. C'est en ce sens que le social a une part active dans l'articulation entre sa propre constitution et son substrat matériel.

La réalité collective s'explique donc par une synthèse d'occasions naturelles et de raisons sociales. Mais si les constructions symboliques doivent être comprises comme des réélaborations des circonstances naturelles, comment concevoir le schématisme qui articule les unes aux autres ?

Claude Lévi-Strauss a plus tard repris cette question dans un texte intitulé « Structuralisme et écologie », qui se présente comme une réponse conjointe au matérialisme fonctionnaliste de l'écologie humaine alors en vogue aux Etats-Unis, et au matérialisme historique marxiste. Lévi-Strauss est pris dans ce texte entre deux positions : il cherche d'un côté à développer l'étude de ce que Marx appelait les « superstructures » comme un objet autonome, doté de sa logique propre, mais il doit en même temps réserver un statut aux infrastructures naturelles, à travers sa théorie du « double déterminisme »[1]. L'anthropologue analyse dans ce texte un groupe de mythes des

1. C. Lévi-Strauss, « Structuralisme et écologie », *Le regard éloigné*, Paris, Plon, 1983, p. 147.

communautés Bella Bella et Kwakiutl de la côte Nord-Ouest américaine. Ces récits fondateurs mettent en scène l'affrontement d'un héros culturel avec des êtres mi-humains mi-animaux, et fait une large place aux éléments naturels ainsi qu'aux schèmes pratiques qui pilotent leur appropriation sociale. Un des éléments clés de ces mythes est la place accordée aux coquillages, clams et palourdes, qui étaient une source importante de subsistance pour les groupes côtiers. Mais pour Lévi-Strauss, l'importance accordée aux coquillages dans ces mythes ne reflète pas directement leur fonction économique : intégrés à l'ordre symbolique qui est celui du mythe, ils entrent dans un réseau de relations qui font d'abord sens dans leur registre propre.

> Chaque culture constitue en traits distinctifs quelques aspects seulement de son milieu naturel, mais nul ne peut prédire lesquels ni à quelles fins. De plus, les matériaux bruts que le milieu naturel offre à l'observation et à la réflexion sont à la fois si riches et si divers que, de toutes ces possibilités, l'esprit n'est capable d'appréhender qu'une fraction [1].

Cette déclaration fait écho aux principes du possibilisme vidalien, mais elle suggère en outre une position plus affirmée au sujet des conditions de la transposition des éléments naturels en éléments symboliques – ou en mythèmes, pour employer le terme forgé par Lévi-Strauss.

> Confronté à des conditions techniques et économiques liées aux caractéristiques du milieu naturel, l'esprit ne reste pas passif. Il ne reflète pas ces conditions ; il y réagit et les articule logiquement en système. Ce n'est pas tout ; car l'esprit ne

1. C. Lévi-Strauss, « Structuralisme et écologie », *op. cit.*, p. 154-156.

> réagit pas seulement au milieu qui l'environne, il a aussi conscience que des milieux différents existent, et que leurs habitants y réagissent, chaque peuple à sa façon [1].

Lévi-Strauss évoque ici un des traits fondamentaux des mythes amérindiens : ils font très souvent référence non seulement aux conditions écologiques et économiques actuelles, mais aussi à celles du passé, ainsi qu'à celles des sociétés voisines – ce qui explique en partie que les mythes n'aient de sens que dans une perspective comparatiste. La synthèse produite par l'esprit à travers le mythe se nourrit donc d'une matière naturelle, mais dont l'intérêt n'est pas seulement lié au fait qu'elle détermine directement l'action (comme c'est le cas pour l'écologie culturelle ou le marxisme), puisqu'elle subit un réarrangement intégral sous l'effet de l'action formatrice de la fonction symbolique. La logique des oppositions et des substitutions qui donne leur cohérence aux constructions idéologiques trouve son origine dans l'esprit, et n'est donc pas un effet direct des causes naturelles [2]. Aux déterminations écologiques, qui fournissent leur matière aux mythes, s'ajoute donc une détermination mentale, qui leur confère une forme. Ajoutons pour terminer que Lévi-Strauss lui-même ne conçoit pas ce pouvoir structurant autonome accordé à l'esprit comme un idéalisme, mais comme une autre version du naturalisme philosophique, puisque d'après lui, la fonction symbolique de l'esprit est une compétence inscrite dans sa « nature », et en l'occurrence dans son cerveau : ce par quoi l'esprit

1. *Ibid.*, p. 154.

2. Voir le chapitre de P. Descola dans P. Descola, G. Lenclud et C. Severi, *Les idées de l'anthropologie*, Paris, Armand Colin, 1988. Du même auteur, voir *L'écologie des autres*, Versailles, Quae, 2011.

humain instaure ce que l'on considère généralement comme « culture » est donc une réalité naturelle, au second sens des régularités à l'œuvre dans le monde. Lévi-Strauss, par cet autre aspect de sa réflexion, met encore en question la pertinence du partage entre nature et culture.

De Mauss à Lévi-Strauss s'affirme donc un intérêt explicite de l'anthropologie pour le rôle joué par la nature dans la construction des faits sociaux. À travers lui s'expriment les ambigüités d'une démarche intellectuelle qui se veut « naturaliste » tout en faisant part aux spécificités des raisons humaines, et qui se donne pour objet la société tout en ouvrant ses portes au monde non-humain.

La socialisation de la nature : savoirs, croyances, pratiques

Le problème totémiste

La question des rapports entre nature et société a connu une série parallèle de développements qui concernent moins le régime de causalité les associant que les procédures singulières par lesquelles la nature devient chose sociale – ce que l'on peut considérer comme le problème de sa socialisation : comment la société se rend-t-elle la nature familière ?

La notion de totémisme joue un rôle décisif dans ces questions, puisqu'elle désigne des systèmes de représentations et de croyances où la société est réputée indistincte de la nature ou de certaines de ses éléments – au mépris apparent du dualisme qui caractérise la mentalité moderne. L'anthropologue britannique James George Frazer (1854-1941) montre en effet que le système clanique australien repose sur l'identification collective à une espèce animale réputée être l'ancêtre des membres du clan prenant son nom, et qui à la fois définit l'identité collective et en participe[1]. C'est dans ce contexte que l'école durkheimienne d'anthropologie religieuse aborde la question de la socialisation de la nature. Ce qui intéresse ces penseurs, c'est avant tout le fait que, malgré son apparente irrationalité, la religion totémique manifeste une logique dont la sociologie peut rendre compte. Dans l'essai de 1903 intitulé « De quelques formes primitives de classification », Durkheim et Mauss conçoivent l'étude du totémisme comme une réponse aux discussions philosophiques sur l'origine des catégories : refusant à la fois l'empirisme humien et l'*a priori* kantien, ils peuvent faire l'hypothèse d'un ancrage social des catégories de pensée. En effet, le totémisme se caractérise par une mise en parallèle de la classification des choses et de la classification des hommes, les divisions claniques du groupe social formant d'après eux une matrice pour mettre en ordre le monde naturel et surnaturel. « La classification des choses reproduit [la] classification des hommes »[2], disent-ils, en s'appuyant sur les cosmologies aborigènes : chaque groupe clanique entretient en effet des liens rituels de célébration et de protection à l'égard non seulement de leur espèce éponyme, mais également envers l'ensemble des animaux, végétaux, ou encore des phénomènes astronomiques ou climatiques associés à cette espèce emblématique. Le monde est ainsi partagé en grandes classes d'êtres qui suivent les contours de l'organisation sociale, qui en suivent les règles, et qui transposent sa logique dans la nature. Cette logique de la

1. Voir sur ce point C. Lévi-Strauss, *Le totémisme aujourd'hui*, Paris, P.U.F., 1962.

2. É. Durkheim, M. Mauss, « De quelques formes primitives de classification », dans M. Mauss, *Œuvres*, t. 2., Paris, Minuit, 1969, p. 20.

projection des catégories sociales sur le monde se vérifie d'après eux non seulement en Australie, mais aussi dans certains systèmes américains, comme celui des Zuñi : chez ces derniers, c'est la répartition spatiale des clans qui fonctionne comme matrice logique, puisque les choses du monde sont réparties en orients, c'est-à-dire selon les points cardinaux :

> Lorsqu'il s'agit d'établir des liens de parenté entre les choses, de constituer des familles de plus en plus vastes d'êtres et de phénomènes, on a procédé à l'aide des notions que fournissaient la famille, le clan, la phratrie et l'on est parti des mythes totémiques. Lorsqu'il s'est agi d'établir des rapports entre les espaces, ce sont les rapports spatiaux que les hommes soutiennent à l'intérieur de la société qui ont servi de point de repère. [...] L'un et l'autre cadre sont d'origine sociale[1].

Ce que l'on voit très bien à travers les réflexions de Durkheim et de Mauss, c'est que l'intérêt pour la socialisation de la nature prolonge un parti pris sociocentrique : le pouvoir structurant est tout entier reporté sur le social, c'est-à-dire sur le primat absolu de la pratique interhumaine sur la représentation et l'usage du monde. Dans ces conditions, l'image de la nature n'est que le reflet de processus intrinsèquement sociaux.

Durkheim prolonge ces réflexions dans son grand ouvrage de 1912, *Les formes élémentaires de la vie religieuse*. La religion totémique y est considérée comme la formation institutionnelle la plus originaire qui se puisse observer, et comme telle, qui permet de ramener à sa racine même

1. É. Durkheim, M. Mauss, « De quelques formes primitives de classification », *op. cit.*, p. 70.

l'association des hommes en société. De ce point de vue, l'identification du groupe à une espèce ancestrale éponyme ne renvoie plus seulement à des arrangements catégoriels, mais plus radicalement à la nécessité pour les communautés humaines de se penser en référence au monde extérieur. Ce que montre Durkheim, c'est que les emblèmes naturels que sont les totems fonctionnent comme une cristallisation objective, extérieure, du sentiment collectif d'appartenance à une entité supra individuelle : la nature est ainsi un répertoire de symboles disponibles pour figurer, pour rendre visible et tangible la participation à un tout. Sans eux, sans cette référence objectivée en image, l'appartenance sociale demeure une abstraction vide de sens, et partant inefficace.

> Derrière ces figures et ces métaphores, ou plus grossières ou plus raffinées, il y a une réalité concrète et vivante. La religion prend ainsi un sens et une raison que le rationaliste le plus intransigeant ne peut pas méconnaître. Son objet principal n'est pas de donner à l'homme une représentation de l'univers physique ; car si c'était là sa tâche essentielle, on ne comprendrait pas comment elle a pu se maintenir puisque, sous ce rapport, elle n'est guère qu'un tissu d'erreurs. Mais elle est avant tout, un système de notions au moyen desquelles les individus se représentent la société dont ils sont membres, et les rapports, obscurs mais intimes, qu'ils soutiennent avec elle [1].

Il y a deux manières de comprendre ce passage. On peut y voir une profession de foi sociocentrique, les représentations et croyances au sujet de la nature satisfaisant avant tout un

1. É. Durkheim, *Les formes élémentaires de la vie religieuse*, Paris, P.U.F., (1912) 1960, p. 323.

besoin social, à l'égard desquels elle n'est qu'un support extérieur. Au contraire, on peut y voir l'expression d'une solidarité nécessaire entre le naturel et le social, le second n'achevant sa réalisation qu'au contact du premier.

Ces difficultés au sujet de la caractérisation de la socialisation de la nature vont se prolonger plus tard, chez Lévi-Strauss. Dans un premier temps, ce dernier montre en effet que les classifications totémiques ne peuvent pas être décrites comme des projections de catégories sociales sur la nature : au contraire, comme il l'affirme dans *Le totémisme aujourd'hui*, ce sont les discontinuités naturelles perçues dans le monde qui fournissent un modèle à l'esprit pour procéder à la mise en ordre des hommes. Cette explication est selon lui plus économe que les précédentes, puisqu'elle permet de se passer de l'idée d'une mentalité primitive hermétique à la différence entre humain et animal. La logique du totémisme n'est donc pas celle de l'identification, ou de la référence, mais celle de l'analogie : les discontinuités culturelles sont analogues aux discontinuités naturelles, ce qui signifie que « *ce ne sont pas les ressemblances, mais les différences, qui se ressemblent* »[1]. Autrement dit, le pôle de la nature et celui de la culture sont deux ressources empiriques qui sont mises en ordre conjointement par l'esprit, de la même manière que chez Saussure le signifiant et le signifié composent ensemble un système symbolique unique.

Lévi-Strauss va ensuite chercher à déployer les diverses manifestations de cette logique, à travers une confrontation entre le système australien (qu'il continue à appeler totémiste)

1. C. Lévi-Strauss, *Le totémisme aujourd'hui*, *op. cit.*, p. 115. C'est l'auteur qui souligne.

et le système indien des castes[1]. En Australie, les clans sont exogames et définis par une espèce naturelle ; chaque clan est en outre garant de l'équilibre écologique et rituel de la portion de nature dont il procède via des interdits alimentaires. En Inde, les groupes sociaux sont définis par leur activité culturelle, le travail, et sont endogames ; chaque caste est elle aussi responsable d'une portion de nature qu'elle s'approprie et transforme. Dans un cas, la médiation entre les segments sociaux est naturelle (ce sont les femmes, produits biologiques selon les termes de Lévi-Strauss) ; dans l'autre, elle est culturelle (ce sont les produits manufacturés ou les services rendus par une caste aux autres). Lévi-Strauss montre donc que, entre totem et caste, il n'y pas d'incommensurabilité foncière, mais un rapport de transformation : « La symétrie entre castes professionnelles et groupes totémiques est une symétrie inversée. Le principe de leur différenciation est emprunté, à la culture dans un cas, à la nature dans l'autre »[2].

Le pôle naturel et le pôle culturel peuvent être investis de façons tout à fait différentes selon les cas, mais il n'en reste pas moins qu'ils constituent l'un et l'autre les termes fondamentaux de la grammaire sociale. Lévi-Strauss, dans la veine de l'école française d'anthropologie, montre donc que la nature participe pleinement de la dynamique constitutive de la réalité sociale, et cela à travers un ensemble d'arrangements symboliques où elle trouve sa logique. Mais son apport distinctif consiste à montrer que nature et culture sont des catégories

1. C. Lévi-Strauss, *La pensée sauvage*, Paris, Plon, 1962, chap. IV, « Totem et caste ».

2. *Ibid.*, p. 164.

disponibles pour entrer dans des arrangements dont la cohérence se trouve avant tout à un niveau intellectuel.

L'écologie symbolique

Comme on le voit, la socialisation de la nature s'accompagne toujours d'une forme de naturalisation du social, puisqu'il emprunte hors de lui-même certains de ses éléments. En outre, le jeu de références mutuelles qui les associe mobilise à la fois des formes symboliques, un ordre mental, et des formes matérielles, un ordre pratique. La clarification de ce qui revient à l'un et à l'autre de ces registres, c'est-à-dire l'explicitation des schèmes de relation entre nature et société, a plus récemment fait l'objet de contributions théoriques décisives, que sont les travaux de M. Godelier et de P. Descola.

D'un point de vue théorique, l'ouvrage principal du premier est *L'idéel et le matériel*[1]. Conformément aux principes de la philosophie marxienne, Godelier définit le processus de civilisation par la transformation de la nature[2]; pour un anthropologue, ce point de départ consiste à ancrer la variété des formes sociales dans des modes d'appropriation du milieu singuliers. Autrement dit, pour conserver la terminologie de Marx, il s'agit de chercher comment les rapports de production s'inscrivent dans des rapports sociaux qui ne se ramènent pas nécessairement à la logique fonctionnelle de l'économie moderne, industrielle et capitaliste. Voici comment il résume son argument :

1. M. Godelier, *L'idéel et le matériel*, Paris, Fayard, 1984.
2. *Ibid.*, p. 10.

> Dans certains types de sociétés, les rapports de parenté peuvent fonctionner comme rapports sociaux de production, dans d'autres au contraire c'est le politique qui joue ce rôle, dans d'autres encore ce peut être la religion. Par « fonctionner comme rapports sociaux de production », nous entendons : assumer les fonctions de déterminer l'accès et le contrôle des moyens de production et du produit social pour les groupes et les individus qui composent un type déterminé de société et d'organiser le procès de production, ainsi que celui de distribution des produits [1].

Godelier prend trois exemples pour illustrer ces cas de figure. Dans les sociétés de chasseurs-cueilleurs, les activités de subsistances empruntent les règles de leur répartition et de leur distribution aux groupements claniques. C'est l'organisation des hommes en lignages qui détermine leur contribution à l'économie, et donc la part qu'ils prennent à la transformation de la nature. En Grèce ancienne, ce sont des rapports d'autorité politique qui sont investis d'une fonction analogue : les statuts de citoyen et d'esclave forment en effet une hiérarchie qui conditionne l'accès à la propriété et le régime du travail. Dans l'Empire Inca, enfin, l'organisation du travail est placée sous la tutelle des prêtres [2].

La distinction conceptuelle sur laquelle reposent ces analyses est entre institution et fonction. La parenté, le politique et la religion sont traditionnellement considérés comme des institutions : ce sont des ordres normatifs qui s'imposent à un domaine de la vie collective, en l'occurrence la famille, le rapport à l'autorité et au surnaturel. Par contraste, on considère, et notamment en contexte marxiste, l'économie

1. *Ibid.*, p. 44-45.
2. *Ibid.*, p. 183-187.

comme une fonction sociale : avec elle, c'est de la satisfaction des besoins matériels qu'il est question. Or Godelier montre que les systèmes de subsistance non modernes se caractérisent par l'absence de toute autonomie de l'économie, qui ne fonctionne qu'en s'enchâssant dans des cadres fournis par l'une ou l'autre des institutions cardinales. Cela permet de voir qu'avec l'économie, il en va toujours plus que de la simple production des moyens d'existence, car avec elle se joue en même temps l'accès aux ressources, la capacité à ordonner les hommes et à fonder l'autorité : la transformation de la nature enclenche spontanément des processus sociaux qui dépassent largement la réalisation des besoins, et qui relèvent de ce qu'il appelle l'idéel, c'est-à-dire le symbolique. Ce qui appartient à l'infrastructure, ce n'est donc pas l'économie entendue comme institution (qui n'existe tout simplement pas dans ces sociétés), mais la forme instituée de la fonction économique, dont on ne peut jamais postuler *a priori* la nature. Par le biais de cette distinction, Godelier répond à la fois à Marx et à Lévi-Strauss : au premier, il conteste le primat universel de l'économique, en montrant que l'autonomisation de l'économie comme institution est une innovation sociale qu'il importe de ramener à sa singularité historique[1] ; au second, il montre que les idéologies ne sont pas déconnectées des infrastructures, et qu'elles ne se manifestent dans leur structure qu'en référence les unes aux autres.

Un des aspects fondamentaux des travaux de Godelier a été de montrer que la nature est un fait social transversal, voire total : c'est en chacun de ses points que l'existence collective

1. Sur ce point, voir K. Polanyi, *La grande transformation*, Paris, Gallimard, 1983.

est concernée par la prise en charge du milieu, et chacun des points d'ancrage du social dans la nature fait système avec les autres. Il répond ainsi en quelque sorte aux hésitations fondatrices de Durkheim à ce sujet, puisque la socialisation de la nature n'est plus clivée entre une nuance sociocentrique et une autre plus naturaliste : la dynamique qui anime les communautés humaines s'éclaire à partir d'une réflexion sur ses modes de relation à l'environnement, et cela sans qu'une priorité absolue ne soit accordée à l'un ou l'autre des termes engagés. Philippe Descola a donné à ces intuitions leur expression la plus aboutie, en franchissant un pas supplémentaire par rapport à l'anthropologie économique. Dans son premier ouvrage, consacré à un groupe social de l'Amazonie péruvienne, les Achuar[1], il montre que les rapports collectifs à la nature non seulement s'affranchissent des déterminations fonctionnelles de l'adaptation, mais ne se ramènent pas non plus à l'action formatrice d'une institution, qu'il s'agisse de la parenté, de la politique ou de la religion. À ses yeux, les formes de l'accès aux ressources et la division du travail trouvent leur logique dans une structuration de l'expérience tout à fait originaire, c'est-à-dire dans un répertoire de schèmes intellectuels et pratiques qui orientent la représentation et l'usage du monde de manière synthétique. Cette conception est proche de ce que Pierre Bourdieu appelait *habitus*, à cela près que ces derniers désignent l'ajustement de l'action à des contextes sociaux très précis, alors les schèmes dont parle Descola sont plus généraux[2]. En Amazonie, l'attribution à une large gamme de non-humains de propriétés mentales conçues sur le modèle

1. P. Descola, *La nature domestique*, Paris, Éditions de la MSH, 1986.
2. P. Bourdieu, *Le sens pratique*, Paris, Minuit, 1980.

de celles que l'on se prête entre hommes fonctionne en effet comme une source de contraintes : le prélèvement de nourriture doit satisfaire des conditions magico-religieuses, le chasseur doit entretenir avec sa proie une relation de type familial, analogue à celle qui lie les femmes aux plantes des jardins, et les relations politiques entre groupes locaux sont elles aussi imprégnées de ces représentations. Ce tissu d'identifications, qui plonge ses racines dans la perception du monde elle-même, et qui déploie ses effets jusque dans les récits mythiques et les institutions chamaniques, est une réalité à la fois psychologique – un système de croyances – et praxéologique – un système d'actions articulées. Comme tel, il est radicalement étranger à la distinction du naturel et du social, puisqu'il arrange les éléments du monde selon une logique indifférente à ce type de contraste. C'est ce modèle théorique qui a été fixé sous le nom d'« écologie symbolique », pour mettre l'accent sur le fait que l'inscription collective dans un milieu donné passe par des médiations qui font sens avant de faire fonction. Pour le dire autrement, le symbolique n'est pas l'outil d'un arrachement vis-à-vis de la nature, comme on l'avait souvent pensé, mais le moyen d'une association étroite entre nature et société.

Dans une phase ultérieure, Descola a envisagé d'autres structures de l'expérience étrangères au partage du naturel et du social, par rapport auxquelles notre dualisme apparaît dans toute sa contingence. De *Par delà nature et culture*[1], où celles-ci sont envisagées, deux types de réflexions peuvent être tirés. Les premières concernent la signification générale des sciences humaines. En effet, cet ouvrage repose

1. P. Descola, *Par delà nature et culture*, Paris, Gallimard, 2005.

entièrement sur l'idée selon laquelle l'intelligibilité des systèmes sociaux n'apparaît qu'à l'épreuve de la nature. De manière diamétralement opposée au sociocentrisme de principe de l'école durkheimienne – à laquelle il se rattache pourtant – il oriente la science sociale vers une perspective moniste, où c'est le réseau des attachements cognitifs, affectifs, symboliques, institutionnels et pratiques au milieu qui donne son impulsion à l'enquête sociale, et cela sans vider de leur substance les liens que l'on dit usuellement « sociaux », et sans jeter sur l'idée de nature un doute préjudiciable au développement des sciences dites « naturelles ». Dans un autre registre, l'anthropologie de la nature place le système culturel du « naturalisme », c'est-à-dire l'ensemble des sociétés qui reposent sur le partage entre nature et société, sous un éclairage nouveau. La répartition des êtres et des valeurs qui s'est esquissée en Grèce ancienne et qui s'est affirmée à l'âge moderne possède une dynamique historique qui a souvent été étudiée – celle de la technique et de la science moderne, de l'expansion coloniale et du capitalisme industriel. Mais elle est cette fois ramenée à des invariants cognitifs et pratiques, c'est-à-dire à des structures de l'expérience, à des formes élémentaires de socialité et d'usage du monde, qui laissent espérer une meilleure connaissance de cette séquence historique ainsi que de son effacement, si celui-ci se produit.

Ces approches sociologiques et anthropologiques permettent d'éclairer les enjeux liés à l'idée de nature d'une manière différente de ce que propose traditionnellement la philosophie. Dans la mesure où elles la définissent comme un outil destiné à mettre en ordre l'expérience, à distribuer leurs propriétés et leurs statuts aux diverses choses et personnes qui composent le monde, elles articulent notre rapport intellectuel et pratique au monde aux formes sociales qui l'accompagnent et le définissent. L'idée de nature, en tant que fait social, devrait donc moins être analysée au critère de sa portée objective (qui reste éminemment douteuse) qu'en référence aux formes concrètes d'existence auxquelles elle est associée.

Toutefois, les sciences humaines et sociales ont fait de la nature un domaine d'étude paradoxal, et cela parce qu'il met en tension leur définition à la fois méthodologique et objective, c'est-à-dire le mode d'intelligibilité qu'elles développent et le domaine de réalité qu'elles explorent. À travers les quelques formations théoriques envisagées ici, on a pu mettre en avant le rôle positif joué par l'environnement naturel dans la reproduction matérielle et symbolique des communautés humaines, c'est-à-dire dans les processus qui ont traditionnellement fourni leur objet à ces disciplines. La nature n'est ainsi pas seulement l'arrière plan muet des conventions sociales, en lesquelles tiendrait l'ensemble de la matière sociologique, mais elle n'est pas non plus une simple ressource économique : avec elle se joue aussi la formation de l'identité collective, la structuration des rapports sociaux, c'est-à-dire qu'elle joue une part active dans la dynamique historique des sociétés humaines.

L'idée de nature est donc une stratégie intellectuelle adoptée par certaines sociétés – dont la nôtre – pour donner forme et porter à la connaissance cette solidarité foncière des humains et de leur milieu. En dégageant le caractère constitutif de cette relation, les sciences humaines mettent également en question la capacité qu'a cette idée, et l'administration des choses qu'elle rend possible, à rendre justice à cette solidarité, c'est-à-dire à garantir une relation juste et soutenable à l'environnement.

LA SOCIÉTÉ

Le terme de société évoque une pluralité d'individus en relation, comme le souligne d'ailleurs son étymologie, la racine latine du terme, « socius », signifiant compagnon, associé ou allié : on est, par définition, nécessairement compagnon, associé ou allié d'un ou de plusieurs autres individus. Toutefois, si chacune de ces relations était unique en son genre, on aurait une multiplicité de relations individuelles mais pas encore une société. La notion de société suppose donc que les rapports individuels aient quelque chose de commun, ordonnant et stabilisant ces relations. Si une multiplicité, une juxtaposition ou encore un agrégat d'individus ne constituent pas à proprement parler une société, d'où vient cet ordre dans les relations interindividuelles ? On pourrait alors considérer que la société possède une réalité spécifique et autonome la distinguant des individus qui la composent, et qu'elle confère de cette façon à cette multitude son unité, en l'ordonnant. L'utilisation d'un terme général au singulier semble à cet égard bien renvoyer à une réalité unique, et par là même distincte en quelque façon de cette multiplicité. Il faudrait ainsi considérer que la société possède des propriétés différentes de celles des individus la composant, et s'efforcer dès lors de comprendre en quoi précisément elles s'en distinguent.

Cette perspective présente un avantage épistémologique pour les sciences sociales : la société, conçue comme une entité dont les propriétés seraient distinctes de celles des individus la composant et par là même irréductibles à celles des individus biologiques et psychiques, constituerait l'objet propre aux sciences sociales. Le social ne pourrait alors s'expliquer que par des causes proprement sociales et non par des causes psychiques ou biologiques. Néanmoins, il est alors difficile de saisir comment la société peut se former, car elle semble surgir *ex nihilo*. N'a-t-on pas alors simplement inventé une entité ontologique pour combler notre inaptitude à rendre compte du social à partir de la seule réalité directement observable, à savoir les individus ?

C'est pour se débarrasser de cette entité ontologique qu'une autre perspective sur la question de la réalité de la société est dessinée. Selon cette dernière, la société est un produit artificiel, reposant sur un contrat conclu entre les individus. La société n'a alors pas de propriétés en sus de celles qui caractérisent les individus la composant. La notion moderne de société s'est d'ailleurs initialement constituée à l'encontre de la conception faisant de la société une réalité naturelle. Si l'on suit la typologie des formes de la vie sociale proposée par Tönnies dans *Communauté et société*[1] (sans considérer la description de l'évolution de la vie sociale en Europe occidentale que Tönnies produit à l'aide de cette typologie), la forme « société » est en rupture avec la forme « communauté », considérée comme une totalité naturelle, un corps organique possédant de ce fait une réalité et une

1. F. Tönnies, *Communauté et société*, trad. fr. par N. Bond et S. Mesure, Paris, P.U.F., (1887) 2010.

substance intrinsèque. La société est dans cette perspective produite artificiellement, contrairement à la communauté, et elle repose principalement sur l'instrument juridique qu'est le contrat. La notion moderne de société rompt ainsi avec le modèle aristotélicien de la vie sociale comme réalité naturelle. Mais en considérant que la société est fondée elle-même sur un contrat, on rompt également avec l'idée que la société est une réalité spécifique distincte des individus qui la composent. Construction artificielle produite par la volonté humaine, elle ne pourrait avoir d'autre réalité que celle des individus la composant. Une telle position amène dès lors à considérer que l'objet des sciences sociales ne se distingue pas de l'objet de la psychologie et de la biologie. L'unité de la société provient-elle de ce qu'elle constitue une réalité spécifique ou n'est-elle que nominale ?

Notons que le concept de société, par l'unité qu'il présuppose, soulève d'autres difficultés. Tout d'abord, dans quelle mesure l'apparition et le maintien d'une société *une* dépendent-ils de l'instance du pouvoir souverain qu'est l'État ? L'État paraît essentiel à l'unité de la société. Néanmoins, dans la mesure où il peut agir de manière contraignante, il peut apparaître également aux yeux des individus gouvernés comme un pouvoir extérieur à cette société qu'ils composent. À quoi correspond alors la distinction entre État et société ? Renvoie-t-elle à une autonomie réelle de la seconde par rapport au premier ou découle-t-elle seulement d'une mécompréhension de ce qu'est la société ?

Ensuite, si la société présente une certaine unité, qui garantit la possibilité d'un vivre ensemble, par la stabilisation des relations qu'elle permet, on peut se demander si cette unité implique la suppression de tout conflit. À trop insister sur l'unité que la société doit présenter, on risque de masquer les conflits ou rapports de force qui lui sont inhérents, mais aussi et surtout, de considérer que la stabilisation des rapports ne s'obtient que par la suppression du conflit. Que signifie à cet égard la résurgence constante des conflits au sein d'une société? Indique-t-elle un dysfonctionnement ou signifie-t-elle que le conflit lui-même contribue à la stabilisation de ces relations?

Nous ne traiterons toutefois dans ce chapitre que la première des questions posées, à savoir: la société possède-t-elle une réalité spécifique ou n'est-elle qu'un être de raison?

Pour ce faire, nous nous demanderons tout d'abord s'il faut reconnaître à la société une réalité spécifique pour rendre compte de la force qui lui est nécessaire pour contraindre les individus à agir de concert et à respecter les mêmes règles. Au vu des difficultés qu'il y a à rendre compte de l'apparition de la société à partir des individus la composant lorsque l'on adopte cette position, on se demandera ensuite si la multiplicité des individus peut parvenir à créer elle-même une unité, par le recours à l'artifice du contrat. En mettant en avant les conditions non contractuelles du contrat, nous montrerons que ces théories prennent la cause pour l'effet: le contrat social ne peut produire la force contraignante qu'il requiert lui-même pour être effectué. Nous envisagerons alors la possibilité que la société, tout en étant un produit des activités humaines, ne soit pas un produit de leur volonté, en cherchant quel mécanisme non intentionnel pourrait rendre compte de l'apparition des règles communes. Nous montrerons enfin qu'il est en fait possible de reconnaître à la société une réalité spécifique tout en pensant son apparition à partir des seules actions humaines, en s'appuyant sur la notion d'émergence.

LA FORCE CONTRAIGNANTE DE LA SOCIÉTÉ

On utilise couramment des termes universaux pour se référer à une collectivité d'entités individuelles. On parlera ainsi de « l'homme » pour se référer à un ensemble d'individus humains. Néanmoins on peut se demander si ce terme universel désigne en fait autre chose que cet ensemble d'entités individuelles, c'est-à-dire s'il existe une réalité hors d'elles, qui serait le référent de ce terme universel, ou bien s'il s'agit seulement d'un produit de la pensée, une idée produite par abstraction des traits particuliers des entités individuelles, ou même simplement d'un mot, utilisé par commodité. À cet égard, le terme de société présente une particularité : s'il peut être utilisé pour se référer à un ensemble de sociétés particulières, on en use également, et avant tout, pour se référer à un ensemble particulier d'individus humains vivant ensemble. Même précédé d'un article indéfini (« une société »), ce terme désigne encore une collectivité d'entités individuelles, en tant toutefois qu'elle présente une unité. Plus encore que pour les termes universaux tels que « l'homme », on serait ainsi tenté de considérer que la société détient des propriétés différentes de celles des individus la composant. La société présente en effet une unité qu'une collectivité d'individus ne présente pas.

Une telle idée a des conséquences épistémologiques importantes pour les sciences sociales et humaines. En effet, comme l'indique Émile Durkheim dans *Les règles de la méthode sociologique*, si la société ne possédait pas de propriétés distinctes de celles de l'ensemble des individus la composant, cela poserait une difficulté méthodologique. Cela signifierait que les phénomènes sociaux ou collectifs pourraient s'expliquer par des causes psychologiques et biologiques (les mêmes causes rendraient compte des comportements individuels et des phénomènes sociaux). Dès lors la sociologie, qui traite de phénomènes sociaux, ne serait qu'une branche de la biologie et de la psychologie. Durkheim cherche au contraire à montrer que les phénomènes sociaux nécessitent un mode d'explication spécifique, et doivent donc faire l'objet d'une science spécifique. Pour mener à bien ce projet, qui comporte un enjeu institutionnel (établir la sociologie comme discipline indépendante), il est amené à montrer que la société possède des propriétés distinctes de celles des individus. Il annonce, en ce sens, au début des *Règles de la méthode sociologique* : « mais, en réalité, il y a dans toute société un groupe déterminé de phénomènes qui se distinguent par des caractères tranchés de ceux qu'étudient les autres sciences de la nature »[1].

Durkheim met pour ce faire en avant la contrainte que les phénomènes sociaux exercent sur les individus. Ce critère, sans être le seul critère permettant de définir un phénomène social[2], permet de rendre compte de la spécificité ontologique de la société. Il montre également que l'unité de société implique la possession par cette dernière de propriétés spécifiques. Les phénomènes sociaux consistent selon Durkheim en « des manières d'agir, de penser et de sentir, extérieures à l'individu, et qui sont douées d'un pouvoir de coercition en vertu duquel ils s'imposent à lui »[3]. Durkheim prend ainsi l'exemple des règles du droit. Il distingue ici l'obligation de la contrainte, cette dernière indiquant l'existence d'une force extérieure à moi qui me conduit à adopter tel ou tel comportement : « Non

1. É. Durkheim, *Les règles de la méthode sociologique*, Paris, Flammarion, (1894) 1988, chap. 1, p. 95.

2. *Ibid.*, « Préface à la seconde édition » (1901), section III.

3. *Ibid.*, chap. 1, p. 96.

seulement, ces types de conduite ou de pensée sont extérieurs à l'individu mais ils sont doués d'une puissance impérative et coercitive, en vertu de laquelle ils s'imposent à lui, qu'il le veuille ou non »[1]. Durkheim distingue à cet égard trois types de contraintes : la contrainte directe, qui s'applique en cas de transgression des règles de droit sous la forme d'une peine, et deux sortes de contraintes indirectes. L'une d'elle s'exerce par le regard d'autrui sur mes actions, notamment lorsque sont transgressés les mœurs d'un pays ou d'une classe, les « usages suivis dans mon pays », les « conventions du monde »[2]. Cette contrainte s'exerce par exemple lorsque je m'habille d'une manière qui choque le groupe dans lequel je me trouve. L'autre sorte de contrainte indirecte se manifeste par le fait que l'individu ne parvient pas à atteindre les fins qu'il s'est fixées : Durkheim prend pour exemples la langue et la monnaie en vigueur dans un pays. Je peux certes utiliser une autre langue que celle utilisée dans mon pays, mais, en ne suivant par les règles linguistiques en vigueur, je risque tout simplement de ne pas réussir à réaliser mon but, d'échouer par exemple à me faire comprendre. La contrainte dans ces différents cas ne se fait ressentir que lorsque les règles sont transgressées ou lorsqu'elles ne sont pas encore adoptées : Durkheim met ainsi en avant l'exemple de l'éducation, qui montre que ces manières de sentir, d'agir et de penser ne sont pas spontanément partagées par les individus, mais qu'elles supposent un effort de la part de l'enfant qui les adopte.

On comprend par conséquent que c'est bien cette force contraignante qui produit l'unité propre à une société : elle

1. *Ibid.*
2. *Ibid.*, chap. 1, p. 96-97.

contraint à adopter des manières d'agir, et les comportements sociaux acquièrent grâce à elle une sorte d'homogénéité. Durkheim ne considère pas que nous recevions de manière totalement passive ces pratiques sociales, ou que nous soyons incapables de leur faire subir des modifications. Nous « individualisons »[1] ces institutions collectives, nous leur donnons « notre marque personnelle »[2]. Mais dans cette individualisation se rencontre une « limite qui ne peut être franchie »[3] sous peine de remettre en cause l'ordre social. C'est d'ailleurs bien parce que ces pratiques sociales ne peuvent pas si aisément être modifiées par les individus qu'elles manifestent le caractère transcendant des forces sociales agissant sur les individus. Selon Durkheim, un terme permet de rendre compte de cette « manière d'être très spéciale »[4] : celui d'institution. Reprenant une analyse présentée dans l'article « Société » de la *Grande encyclopédie* de Paul Fauconnet et Marcel Mauss[5], Durkheim indique que les institutions, c'est d'abord ce que l'on trouve hors de nous et ce qui s'impose plus ou moins à nous.

Néanmoins, si Durkheim, en avançant l'idée d'une différence ontologique entre la société et l'ensemble des individus, parvient à justifier l'indépendance et la spécificité de la sociologie par rapport à la biologie et la psychologie, il se voit confronté à une forte critique. Sa conception amène au premier abord à penser, de son propre aveu, que la vie sociale

1. É. Durkheim, *Les règles de la méthode sociologique*, *op. cit.*, « Préface à la seconde édition », section II, note 2, p. 90.

2. *Ibid.*, p. 90.

3. *Ibid.*

4. *Ibid.*

5. M. Mauss, « Sociologie », *Œuvres* 3. *Cohésion sociale et division de la sociologie*, Paris, Minuit, 1969, p. 139-177.

« paraît rester en l'air et planer dans le vide »[1]. C'est sur ce point que les critiques émanant du courant de l'individualisme méthodologique attaquent les positions qu'ils qualifient de « holistes », et selon lesquelles la société possèderait des propriétés différentes de celles des individus. Alban Bouvier notamment insiste sur le fait que ses critiques ne portent pas tant sur la position holiste (qui accorde une réalité propre à la société comme totalité) comme position ontologique que sur l'impossibilité où se trouvent ces théories de rendre compte de l'apparition d'entités collectives à partir des actions des individus[2]. Si la société possède des propriétés qui ne se trouvent pas chez les individus qui la composent, il semble en effet difficile de comprendre comment elles peuvent apparaître : elles paraissent ne venir de nulle part. À cet égard, la définition du terme d'institution était incomplète. Le problème est de faire droit aux deux significations que peut recouvrir le terme d'institution : celle d'un acte, et celle du résultat produit par cet acte. L'institution ne désigne pas seulement, comme semble le suggérer Durkheim, ce qui est institué mais aussi le processus qui institue. L'institution sociale ne surgit pas de nulle part, mais bien des hommes. Comment en rendre compte, dès lors que l'on considère que la société possède une réalité spécifique ?

1. É. Durkheim, *Les règles de la méthode sociologique*, *op. cit.*, « Préface à la seconde édition », section II, p. 81.

2. A. Bouvier, « Individualisation, collective agency and the "micro-macro relation" », dans I. C. Jarvie, J. Zamora-Bonilla (dir.), *The Sage Handbook of the Philosophy of Social Sciences*, London, Sage Publications Ltd, 2011.

PRODUIRE ARTIFICIELLEMENT LA SOCIÉTÉ ?

Cette difficulté nous invite ainsi à reconsidérer la réponse apportée à la question de savoir si la société détient des propriétés différentes de celles des individus la composant : adopter une conception nominaliste de la société permet en effet de rendre compte plus aisément de l'apparition de la société. Mais, comment rendre compte alors de l'unité de la société ?

C'est pour répondre à cette question que la théorie contractualiste s'est constituée. En rejetant la conception de la société comme réalité naturelle, elle s'attaque à l'idée que la société détiendrait une réalité spécifique. Hobbes, en proposant notamment la fiction de l'état de nature, soutient ainsi que la société est le produit artificiel, et par là même « factice »[1] (cet adjectif ne venant qu'expliciter le précédent), d'un contrat. Accorder à la société quelque réalité spécifique que ce soit vis-à-vis des individus, ce serait à ses yeux retomber dans une conception de la société comme réalité naturelle. De même, si Rousseau considère qu'une multiplicité d'individus ne constitue pas en elle-même une société, il insiste, comme le fait remarquer Durkheim[2], sur le fait que la société n'est qu'un « être de raison »[3]. Dans cette perspective, l'étude de la société ne justifie pas l'existence d'une science spécifique. À

1. T. Hobbes, *Léviathan : traité de la matière, de la forme et du pouvoir de la république ecclésiastique et civile*, trad. fr. par F. Tricaud, Paris, Dalloz, (1651) 1971, II, chap. XXII, p. 241.

2. É. Durkheim, « Le contrat social de Rousseau », *Montesquieu et Rousseau, précurseurs de la sociologie*, Paris, Rivière, 1966, p. 115-198.

3. J.-J. Rousseau, « État de guerre », *Œuvres complètes*, Paris, Gallimard, 1980-1986, t. III, p. 608. Voir également R. Derathé, *Jean-Jacques Rousseau et la philosophie politique de son temps*, Paris, Vrin, 1995, p. 409.

cet égard, la mise en œuvre chez Hobbes d'une méthode résolutive-compositive dans l'étude de la société a amené certains sociologues à en faire l'un des principaux précurseurs de l'individualisme méthodologique. Steven Lukes[1], se référant au chapitre du *De corpore* intitulé « De la méthode », montre que le précepte hobbesien selon lequel « il est nécessaire de connaître les choses qui constituent les choses composées, avant de connaître les totalités composées », car « on comprend mieux une chose en considérant ses causes constitutives »[2], était clairement articulé avec sa conception nominaliste de la société. La société devrait alors être expliquée par ses causes constitutives qui ne sont autres que les individus humains. Dans la mesure où le corps social est un corps artificiel, on ne pourra *a fortiori* partir que des individus humains eux-mêmes pour en rendre compte.

La notion de contrat, soulignant l'idée d'un accord volontaire, suffit-elle cependant à expliquer l'apparition d'une société ? Comment rendre compte de la contrainte que la société exerce sur les individus, et par laquelle elle trouve son unité, dans ce cadre nominaliste ? Au premier abord, cette difficulté ne semble pas en être une : en effet, l'ensemble des forces de tous les individus est bien supérieur à celle de chacun des individus pris isolément. Néanmoins cet ensemble n'est à même de contraindre les individus que dans la mesure où les forces qui le composent suivent la même direction et ne se contredisent pas les unes les autres. Comment alors les unifier de manière à ce qu'elles soient

1. S. Lukes, « Methodological Individualism Reconsidered », The British Journal of Sociology, 1968, 19 (2), p. 119-129.

2. T. Hobbes, *De Corpore*, dans *The English Works of Thomas Hobbes*, éd. par Sir Wiliam Molesworth, London, John Bohn, 1839-1844, vol. 1, p. 67.

réellement contraignantes? C'est l'une des questions que Rousseau soulève explicitement :

> Or comme les hommes ne peuvent engendrer de nouvelles forces, mais seulement unir et diriger celles qui existent, ils n'ont plus d'autre moyen pour se conserver que de former par agrégation une somme de forces qui puisse l'emporter sur la résistance, de les mettre en jeu par un seul mobile et de les faire agir de concert [1].

De quelle résistance s'agit-il? De celle des individus réfractaires au contrat, qu'il faudra contraindre à passer et à respecter une fois celui-ci passé. On comprend en effet que si un contrat est à l'origine des règles de vie sociale, c'est bien au niveau de l'effectuation du contrat lui-même que cette question de la contrainte surgit. Comment l'unification des forces par le contrat est-elle possible? Comment penser l'émergence d'un pouvoir commun qui seul parvienne à contraindre ces réfractaires ?

En réponse à cette question, Hobbes montre que si la multiplicité ne peut trouver son unité en tant que multiplicité, elle le peut cependant, en se donnant un représentant : chacun transfère tout son pouvoir et sa force à « un seul homme ou à une seule assemblée, qui puisse réduire toutes leurs volontés, par la règle de la majorité, en une seule volonté »[2]. C'est seulement dans la mesure où chacun autorise un seul homme ou une seule assemblée à agir à en son nom que cette unification des forces peut avoir lieu. Cependant, comment les individus peuvent-ils être assurés que le souverain s'acquittera

1. J.-J. Rousseau, *Du contrat social*, Paris, Flammarion, (1762) 2001, I, 6, p. 55-56.

2. T. Hobbes, *Léviathan*, *op. cit.*, II, 17, p. 177.

effectivement de cette tâche une fois qu'elle lui aura été confiée, c'est-à-dire qu'il agira bien au nom des individus qui lui ont conféré son autorité[1] ? Comment dès lors cette unification des forces peut-elle se produire de manière immanente ? La solution hobbesienne de la représentation ne permet pas de le comprendre.

Rousseau avance une autre solution, fondée sur l'idée de volonté générale. Le contrat présenté par Rousseau ne consiste pas en un pacte de soumission mais en une « aliénation totale de chaque associé avec tous ses droits à toute la communauté »[2]. Puisque chacun se donne à tous, aucun d'eux « ne se donne à personne »[3]. Dans quelle mesure cette solution assure-t-elle l'unification des forces des individus ? Comme l'indique Durkheim, « toutes les volontés particulières disparaissent au sein d'une volonté commune, la volonté générale, qui est la base de la société »[4]. La volonté générale n'est pas un simple composé des volontés particulières, elle n'est pas, comme le précise Rousseau, « la volonté de tous »[5]. Par le contrat social, les volontés individuelles perdent leur « caractère individuel et leur mouvement propre »[6]. Chacun reçoit son « moi commun » par le contrat[7], et la volonté générale consiste en la somme de ces moi communs. En ce sens, les forces individuelles se trouvent unifiées. Durkheim s'attache à préciser le sens de l'affirmation rousseauiste selon laquelle la volonté générale

1. Voir notamment, *ibid.*, II, 19, p. 195.
2. J.-J. Rousseau, *Du contrat social*, *op. cit.*, I, 6, p. 56.
3. *Ibid.*, p. 57.
4. É. Durkheim, « Le contrat social de Rousseau », *op. cit.*, p. 155.
5. J.-J. Rousseau, *Du contrat social*, *op. cit.*, II, 3, p. 68.
6. É. Durkheim, « Le contrat social de Rousseau », *op. cit.*, p. 165.
7. J.-J. Rousseau, *Du contrat social*, *op. cit.*, I, 6., p. 57.

ne consiste pas seulement en la somme des volontés particulières. Certes, Rousseau a « un sentiment très vif de la spécificité du règne social »[1] : pour lui « la société n'est rien si elle n'est pas un corps un et défini, distinct de ses parties »[2]. Mais, la volonté générale, dans la mesure où elle est le produit d'un contrat, ne peut être qu'un être de raison, c'est-à-dire, selon Durkheim, ne peut pas détenir de propriétés que les volontés particulières ne possèderaient pas. Aussi, elle ne peut consister qu'en une « moyenne arithmétique entre toutes les volontés individuelles en tant qu'elles se donnent pour fin une forme d'égoïsme abstrait à réaliser dans l'état civil »[3]. La volonté générale ne comprend ainsi à proprement parler « rien de plus », mais est au contraire obtenue par soustraction des différences individuelles. C'est bien dans ce sens qu'il faut comprendre l'adjectif « abstrait » dans la citation précédente : l'intérêt général s'obtient par abstraction, soustraction, des différences individuelles qui empêchent la convergence des intérêts.

Il faut pourtant interroger plus avant les conditions de possibilité d'un contrat fondant la société. Analysant les relations contractuelles particulières qui se déroulent au sein d'une société déjà instituée, Durkheim souligne les conditions non contractuelles du contrat. « Tout n'est pas contractuel dans le contrat »[4], car il y a des conditions qu'il ne saurait remplir à lui seul : la force obligatoire, qui « lie » les co-contractants à

1. É. Durkheim, « Le contrat social de Rousseau », *op. cit.*, p. 136.
2. *Ibid.*, p. 137.
3. *Ibid.*, p. 165.
4. É. Durkheim, *De la division du travail social*, Paris, P.U.F., (1893) 2007, Livre I, chap. 7, II, p. 189.

leur parole, ne peut provenir du contrat lui-même, ce dernier ne consistant que dans l'exécution de la parole donnée par chacun des co-contractants. De plus, la société détermine les conditions sous lesquelles les contrats sont exécutoires, et, dans le cas où l'un des co-contractants ne respecterait pas son engagement, restitue « ces contrats sous leur forme normale »[1]. Comment la société pourrait-elle alors reposer elle-même sur un contrat ? Les solutions que les théories du contrat de Hobbes et de Rousseau offrent à la question de l'unification des forces présupposent que la majorité des individus agissent de manière rationnelle, condition sans laquelle la force commune instituée ne pourrait pas être suffisamment importante pour contraindre les récalcitrants. Or, ces auteurs avouent eux-mêmes que la plupart des hommes n'agissent pas spontanément de manière rationnelle et ne sont donc pas spontanément aptes à passer et à respecter un contrat. Mais ils ne considèrent pour autant que cela puisse constituer un obstacle majeur à la réalisation du contrat censé produire l'unité de la société. Ainsi Hobbes considère-t-il lui-même que « la nature a pourvu les hommes de remarquables verres grossissants, qui sont leurs passions et leur amour d'eux-mêmes »[2], ce qui les conduit à chercher à contourner les lois instituées. Rousseau met quant à lui en avant la nécessité pour la volonté générale, pourtant instituée par le contrat, d'être guidée par un législateur, qui procurera ces « lumières publiques »[3] aux volontés particulières égarées. Rousseau soulève alors une seconde difficulté :

1. *Ibid.*, p. 194.
2. T. Hobbes, *Léviathan*, *op. cit.*, II, 18, p. 191.
3. J.-J. Rousseau, *Du contrat social*, *op.cit.*, II, 6, p. 79.

> Pour qu'un peuple naissant put goûter les saines maximes de la politique et suivre les règles fondamentales de la raison d'État, il faudrait que l'effet pût devenir la cause ; que l'esprit social qui doit être l'ouvrage de l'institution présidât à l'institution même, et que les hommes fussent avant les lois ce qu'ils doivent devenir par elles [1].

Si l'autorité du législateur, pour être respectée, suppose déjà un certain « esprit social », alors la constitution de la société le suppose plus encore.

C'est dans cette perspective que Durkheim pointe les contradictions inhérentes aux théories du contrat : l'homme ne peut être amené à vivre en société que dans la mesure où il y est contraint. Ainsi, « ni Hobbes ni Rousseau ne paraissent avoir aperçu tout ce qu'il y a de contradictoire à admettre que l'individu soit lui-même l'auteur d'une machine qui a pour rôle essentiel de le dominer et de le contraindre » [2]. Mais comment rendre compte de l'apparition de cette force contraignante, si elle ne peut pas être produite artificiellement ? Nous sommes alors ramenés à l'idée que la société qui l'exerce possède une réalité spécifique.

La complexité du social et l'illusion de sa réalité spécifique

De ce que l'ordre social ne peut pas être produit intentionnellement, faut-il conclure que la société constitue une réalité distincte des individus qui la composent ? Friedrich

1. J.-J. Rousseau, *Du contrat social*, *op.cit.*, p. 82.

2. É. Durkheim, *Les Règles de la méthode sociologique*, *op. cit.*, V, 4, p. 214.

August von Hayek entreprend de répondre à cette question lorsqu'il choisit de s'attaquer « aux théories proprement collectivistes de la société, qui se prétendent capables de comprendre directement des formations sociales telle que la société, etc., comme des entités *sui generis*, qui seraient censées exister indépendamment des individus qui les composent »[1], mais également au « pseudo-individualisme rationaliste qui ne conduit pas moins au collectivisme dans la pratique »[2].

L'argument clef d'Hayek consiste à mettre en avant la complexité propre des phénomènes sociaux. La complexité est une caractéristique relative aux capacités cognitives des hommes, qui elles-mêmes conditionnent leurs capacités pratiques à contrôler les phénomènes. La définition du degré de complexité d'un phénomène, selon Hayek, repose sur le nombre minimum de variables requises pour construire un modèle suffisamment précis permettant d'en rendre compte, et de le produire ou le reproduire. Or, dans les champs de la biologie et des sciences sociales, saisir tous les facteurs qui déterminent la manifestation des phénomènes auxquels ces sciences s'intéressent s'avère souvent impossible. On appellera ces phénomènes « complexes » ou « hautement complexes » car il est impossible d'embrasser par la pensée toutes les données nécessaires pour expliquer leur apparition. Il est dès lors impossible selon Hayek de les contrôler complètement, de les « fabriquer » dans le détail. La complexité d'un phénomène ne tient pas seulement au nombre de facteurs

1. F. Hayek « True and false individualism », *Individualism and economic order*, Ludwig von Mises Institut, (1948) 2009 ; trad. fr. par F. Guillaumat, http : //herve.dequengo.free.fr/Hayek/Hayek2.htm, modifiée ici.

2. *Ibid.*

que doit intégrer son explication, mais également à leur hétérogénéité. Hayek insiste en particulier sur la « nature diverse dont se composent les structures »[1] des phénomènes complexes. À quoi cette diversité correspond-elle dans les ordres complexes sociaux? Hayek, traitant de l'ordre économique, met l'accent sur la « multiplicité des projets individuels »[2] qu'il est nécessaire de coordonner: « les buts, les talents et les connaissances »[3] des individus sont différents.

La mise en avant de la complexité de ces phénomènes est au cœur de la critique qu'il adresse au « pseudo-individualisme constructiviste »[4] ou aux « rationalistes constructivistes »[5], car elle permet de remettre en cause l'une de leurs hypothèses. Selon cette hypothèse qu'il qualifie d'« illusion synoptique »[6], il serait possible à un individu d'adopter un point de vue surplombant sur les phénomènes sociaux, du haut duquel il pourrait embrasser l'ensemble des éléments individuels et des relations entre ces éléments qui sont à l'origine de ces phénomènes sociaux. Les théories considérant la société comme une construction artificielle, notamment les théories contractualistes, sont directement visées. Mais c'est également le cas des théories qui conçoivent la société comme une réalité spécifique : Hayek affirme qu'en raison de la limitation des capacités cognitives humaines, la société *semble* détenir des propriétés différentes de celles de l'ensemble des

1. F. Hayek, *Droit, Législation et liberté*, trad. fr. par R. Audoin revue par P. Nemo, Paris, P.U.F., (1973-1979) 2007, part. 1, chap. 2, p. 131.

2. *Ibid.*, part. 2, chap. 7, p. 346.

3. *Ibid.*, part. 2, chap. 9, p. 462.

4. F. Hayek « Vrai et faux individualisme », *op. cit.*

5. F. Hayek, *Droit, Législation et liberté*, *op. cit.*, part. 1, chap. 1, p. 80.

6. *Ibid.*, p. 80.

individus la composant. Ne parvenant pas à embrasser par la pensée tous les facteurs déterminant les phénomènes sociaux, nous attribuons à ces derniers des propriétés spécifiques. Les phénomènes sociaux n'ont cependant pas d'autres propriétés que celles des individus, même s'ils paraissent en avoir d'autres. Hayek prend l'exemple de la construction d'un chemin. Il est causé par la combinaison d'actions individuelles [1]. Néanmoins, comme de trop nombreuses actions, qui diffèrent de plus les unes des autres, produisent ce chemin, les individus ne peuvent pas se représenter la manière précise dont il a été produit. Tout se passe *comme s'il* y avait un saut entre les actions des individus et l'apparition des phénomènes sociaux. À cet égard, l'analyse de la fonction du totem présentée par Durkheim dans les *Formes élémentaires de la vie religieuse* [2] semble conforter l'analyse hayékienne. Durkheim, décrivant les phénomènes d'effervescence religieuse, indique que les individus, lors de ces événements, se représentent la société *comme* quelque chose d'extérieur, de différent d'eux : elle détient cette aptitude à « s'ériger en dieu ou à créer des dieux » [3], elle « apparaît comme extérieure aux individus, et comme douée, par rapport à eux, d'une sorte de transcendance » [4], alors même que ces forces religieuses ne sont rien d'autre que « la force collective et anonyme du clan » [5]. Or,

1. F. Hayek, « La méthode individualiste et "synthétique" des sciences sociales », *Scientisme et sciences sociales*, Paris, Press Pocket, (1940-1944) 1991, trad. fr. par R. Barre.

2. É. Durkheim, *Les formes élémentaires de la vie religieuse*, Paris, P.U.F., (1912) 2003, Livre II, chap. VII, 2.

3. *Ibid.*, p. 305.

4. É. Durkheim, *Les formes élémentaires de la vie religieuse*, *op. cit.*, Livre II, chap. VII, 3, p. 317.

5. *Ibid.*, p. 316.

l'une des manières de rendre compte de cette expérience de « transcendance » consiste à mettre en évidence le fait que le clan ou la société est « par ses dimensions, par le nombre de ses parties et la *complexité* de leur organisation, difficile à embrasser par la pensée »[1]. Les individus n'ont pas les capacités cognitives leur permettant d'embrasser par la pensée dans le détail l'ensemble des processus interactionnels qui se produisent entre les individus – plus précisément, pour Durkheim, entre les sentiments des individus en présence. La fonction du totem s'éclaire ainsi : les individus transfèrent leurs sentiments sur ce signe, car le symbole est plus facilement représentable que l'ensemble de ces individus en interaction.

La notion de complexité indique en outre qu'adopter une conception nominaliste de la société ne conduit en réalité pas nécessairement à nier la spécificité de l'objet des sciences sociales. La société ne possède pas d'autres propriétés que celles caractérisant les individus la composant, mais, en raison de la complexité des phénomènes sociaux, l'esprit humain ne peut cependant pas rapporter les premières aux secondes : les phénomènes sociaux ne pourront pas être expliqués par des causes psychologiques et biologiques. La sociologie peut ainsi être considérée comme une discipline autonome. Il s'agit bien là d'une position antiréductionniste, car elle est en mesure de montrer que les phénomènes sociaux ne sont pas *explicables* par les propriétés des individus. Il faut ainsi distinguer le plan ontologique et le plan épistémologique : les termes de réductionnisme et d'antiréductionnisme se réfèrent alors seulement à ce que les hommes peuvent connaître.

1. É. Durkheim, *Les formes élémentaires de la vie religieuse*, *op. cit.*, p. 314 (nous soulignons).

Comment dès lors rendre compte de l'apparition des règles qui rendront possible l'existence d'un ordre au sein de la société? Hayek recourt à la notion d'évolution et, plus précisément, à celle de sélection. Il s'agit pour lui de mettre en évidence l'existence d'un processus non intentionnel, en réponse notamment aux théories du contrat. Hayek montre ainsi que la société « ne peut exister que si, par un processus de sélection, sont apparues des règles qui conduisent les gens à se comporter d'une manière qui rende la vie sociale possible »[1]. Ces règles « sont le résultat d'un processus comparable au vannage et au filtrage, guidé par les avantages différentiels acquis par les groupes, du fait de pratiques adoptées pour quelque raison inconnue et peut-être purement accidentelle »[2].

Pourtant, le principe de sélection naturelle n'est pas à même de rendre compte de l'origine de ces règles, mais seulement de leur évolution. Hayek n'affronte pas directement la question de savoir comment les individus en viennent à suivre les mêmes règles. Il propose certes quelques éléments de réponse à la question de savoir comment les hommes « peuvent apprendre les uns des autres de telles règles de conduite »[3]: par l'exemple et l'imitation. Cependant, il ne résout le problème que sur un plan cognitif (portant sur la manière dont les hommes peuvent prendre connaissance de ces règles) sans affronter la dimension pratique de la question (portant sur la manière dont ils en viennent à adopter effectivement ces règles). Or, il indique lui-même qu'il existe des règles auxquelles il faudra parfois contraindre les hommes

1. F. Hayek, *Droit, législation et liberté*, *op. cit.*, I, chap. 2, p. 136.
2. *Ibid.*, III, épilogue, p. 881-882.
3. *Ibid.*, I, chap. 1, p. 89.

à obéir. Hayek affirme : « bien que l'intérêt de chacun les pousserait à les violer, l'ordre général qui conditionne l'efficacité de leurs actions ne s'instaurera que si ces règles sont généralement suivies »[1]. La question de la force contraignante de ces règles reste ainsi non résolue.

Il faut donc reconsidérer sérieusement l'hypothèse selon laquelle la société possèderait effectivement une réalité spécifique.

EXPLIQUER LA RÉALITÉ SPÉCIFIQUE DU SOCIAL : L'ÉMERGENCE

La critique présentée en fin de première partie de ce texte fut, nous l'avons vu, envisagée par Durkheim lui-même. Il s'attacha également à y répondre, en recourant à l'idée d'émergence, c'est-à-dire à l'idée selon laquelle, de la seule mise en relation ou combinaison de certains éléments, peut naître une entité *nouvelle*. Dans la préface à la seconde édition des *Règles de la méthode sociologique*, Durkheim décrit en effet ce phénomène qui se produit « toutes les fois que des éléments quelconques, en se combinant, dégagent, par le fait de leur combinaison, des phénomènes nouveaux »[2].

On pourrait de prime abord affirmer que cette notion permet de résoudre les difficultés internes à la pensée de Durkheim, en permettant de rendre compte à la fois de l'apparition de la société (à partir des actions individuelles et de leurs relations) et de la différence entre les propriétés

1. F. Hayek, *Droit, législation et liberté*, *op. cit.*, I, chap. 2, p. 136.

2. É. Durkheim, *Les règles de la méthode sociologique*, *op. cit.*, « Préface à la seconde édition », p. 81.

de la société et celles des individus (dans la mesure où les phénomènes émergents sont nouveaux). Ainsi Durkheim concilierait-il une position holiste et une théorie expliquant l'apparition de la société. Néanmoins, on irait ce faisant trop vite en besogne. Tout d'abord, il faut se demander ce qu'on entend par « nouveau » dans la définition de l'émergence qui a été proposée. Des phénomènes qui se produisent à partir d'un ensemble d'éléments en interaction les uns avec les autres nous apparaissent comme nouveaux au sens où nous ne pouvons pas les expliquer par ces éléments de base : il ne nous est pas possible de montrer comment les seconds *causent* les premiers. Cependant, qu'est-ce qui permet de dire que ce qui nous *paraît* nouveau l'est *effectivement* ? Comment différencier ce que des travaux ultérieurs appelleront « l'émergence forte » (où la nouveauté est réelle) et « l'émergence faible » (où la nouveauté est seulement apparente) [1]. C'est bien la première acception qu'envisage Durkheim et non la seconde, mobilisée par l'entreprise hayékienne.

En quoi consiste donc un phénomène d'émergence forte ? Un phénomène est émergent dans la mesure où il « émerge de », prend sa source dans quelque chose de différent de lui. Néanmoins un phénomène est émergent au sens fort lorsqu'il *diffère* véritablement de ce dont il émerge. Pour rendre compte de l'apparition des phénomènes sociaux, on partira donc des individus eux-mêmes, mais encore faut-il préciser que les individus ne *causent* pas les phénomènes sociaux, mais les conditionnent seulement. Dans « Représentations individuelles et représentations collectives », Durkheim produit une distinction entre condition et cause. À l'encontre d'une

1. Voir H. Bersini, *Qu'est-ce que l'émergence ?*, Paris, Ellipses, 2007.

conception de la société qui ferait celle-ci la composition des propriétés communes des individus, Durkheim indique que les propriétés des individus, même les plus générales, ne peuvent causer ces phénomènes sociaux: « Ce n'est pas qu'elles ne soient pour rien dans le résultat; mais elles n'en sont que les *conditions* médiates et lointaines. Il ne se produirait pas si elles l'excluaient; mais ce n'est pas elles qui le *déterminent* »[1]. La notion d'émergence rompt ainsi avec l'idée de causalité.

Pour rendre compte de ce phénomène d'émergence, Durkheim ne met pas l'accent sur le nombre de relations ou d'éléments en relation, ni sur la différence caractérisant les éléments se combinant les uns avec les autres. Ces éléments, nous l'avons vu, ne permettent de rendre compte que de phénomènes d'émergence faible. Durkheim insiste sur l'idée de combinaison elle-même. Ainsi dans « Représentations collectives et représentations individuelles » affirme-t-il:

> Si l'on peut dire, à certains égards, que les représentations collectives [qui sont des phénomènes sociaux] sont extérieures aux consciences individuelles, c'est qu'elles ne dérivent pas des individus pris isolément, *mais de leur concours*; ce qui est bien différent. Sans doute dans l'élaboration du résultat commun, chacun apporte sa quote-part; mais les sentiments privés ne deviennent sociaux qu'en se combinant sous l'action des forces *sui generis* que développe *l'association*[2].

On notera qu'Hayek n'aurait pas pu envisager cette piste d'analyse. L'exemple du chemin était à cet égard significatif:

1. É. Durkheim, « Représentations individuelles, représentations collectives », *Sociologie et philosophie*, Paris, P.U.F., (1898) 1996, p. 37. (Nous soulignons)

2. *Ibid.*, p. 35-36 (nous soulignons).

Hayek concentre en effet moins son analyse sur les relations entre individus que sur celles qui existent entre les *conséquences* de leurs actions. Voulant mettre à mal l'idée au fondement de la théorie contractualiste selon laquelle les individus pourraient poursuivre et atteindre des buts communs de manière volontaire, Hayek détourne l'attention des relations directes que les individus pourraient entretenir.

Comment la combinaison rend-elle compte de ce phénomène d'émergence ? Pour le comprendre, il faut se départir d'une certaine conception de la combinaison comprise comme « un phénomène, par soi même, infécond, qui consiste simplement à mettre en rapports extérieurs des faits acquis et des propriétés constituées »[1]. Selon Durkheim, l'association ou combinaison, entendue ici comme processus dynamique, n'est donc pas un simple moyen ou « opérateur » du phénomène d'émergence. Durkheim met ainsi en avant l'idée que la combinaison ou synthèse elle-même contient plus que ce que contient l'ensemble des éléments y prenant part. Produisant une analogie entre les phénomènes sociaux et les corps organiques, Durkheim poursuit : « Tous ces êtres [*i.e.* les corps organiques], en dernière analyse se résolvent en éléments de même nature [*i.e.* molécules inorganiques] ; mais ces éléments sont, ici, juxtaposés [*i.e.* molécules organiques sans association], là, associés [*i.e.* corps organiques] »[2]. Durkheim met ainsi en avant le caractère émergent de la combinaison elle-même. Comment en rendre compte ?

1. É. Durkheim, *Les règles de la méthode sociologique*, *op. cit.*, chap. 5, section 2, p. 195.

2. *Ibid.*

Dans la préface à la seconde édition des *Règles de la méthode sociologique*, Durkheim indique des éléments de réponse :

> pour qu'il y ait fait social, il faut que plusieurs individus tout au moins aient mêlé leur action et que cette combinaison ait dégagé quelque produit nouveau. Et comme cette synthèse a lieu en dehors de chacun de nous (puisqu'il y entre une pluralité de consciences) elle a nécessairement pour effet d'instituer hors de nous certaines façons d'agir et certains jugements qui ne dépendent pas de chaque volonté particulière prise à part [1].

La combinaison comme processus dynamique contient plus que ce que l'ensemble des individus prenant part à cette combinaison peuvent contenir. En ce sens, la « synthèse » elle-même a « lieu en dehors de chacun de nous » [2]. Pour en rendre compte, Durkheim insiste sur le fait qu'il est nécessaire d'avoir plusieurs individus pour qu'une combinaison se produise : aucun individu ne peut la causer à lui seul, de manière isolée. Un autre individu tout au moins doit prendre part à cette combinaison pour qu'elle ait lieu, et dépend lui-même de la présence de l'autre pour entrer en relation. Aucun ne détient donc les propriétés permettant de rendre compte de cette mise en relation. Les individus sont ainsi les conditions *sine qua non* de la combinaison, mais ne la causent pas. Le phénomène de la combinaison constitue donc un exemple privilégié de phénomène émergent. Pour conclure sur cette analyse, c'est donc parce que la synthèse elle-même a lieu en dehors de nous,

1. É. Durkheim, *Les règles de la méthode sociologique*, *op. cit.*, « Préface à la seconde édition », p. 89.
2. *Ibid.*

indique Durkheim, qu'elle a pour effet d'« instituer hors de nous certaines façons d'agir et certains jugements qui ne dépendent pas de chaque volonté particulière prise à part »[1].

L'extériorité des forces religieuses qui a été mise au jour dans la description de l'émergence faible, n'est donc définitivement pas pour Durkheim une extériorité seulement apparente : ces forces religieuses ne sont qu'une manière de se représenter les forces sociales qui sont en fait effectivement émergentes au sens fort, et qui sont de ce fait au moins en partie extérieures aux individus. Durkheim montre de même que les règles morales, qui ne sont rien d'autre que des forces sociales agissant sur les individus, leur sont au moins en partie extérieures, c'est-à-dire ne sont pas identiques à des contenus psychologiques individuels. Et, « c'est pour cette raison que les peuples ont vu, pendant des siècles, dans les règles de la morale, des ordres émanés de la divinité »[2].

Pour conclure, nous pouvons revenir sur l'opposition classique présentée en sciences sociales entre holisme et individualisme. Il faut en effet préciser en quel sens la société possède une réalité spécifique. Le caractère émergent des phénomènes sociaux s'explique par le caractère émergent de la relation ou combinaison elle-même qui est à l'origine de ces phénomènes. La société, en tant que phénomène émergent, ne possèdera donc pas d'autres propriétés que celles qui caractérisent cette combinaison. Or, pour définir une relation

1. *Ibid.*, p. 89.

2. É. Durkheim, *L'éducation morale*, Paris, Fabert, (1902-1903) 2006, part. 1, leçon 2, p. 61.

ou combinaison, on ne peut pas se référer seulement aux éléments, sans lesquels cette relation ne peut pas se produire. La relation détient d'autres propriétés que celles détenues par les individus entrant en relation. D'un autre côté, on ne peut pas non plus ne pas faire référence à ces individus en relation pour définir cette dernière. La position ontologique qu'adopte une telle théorie échappe donc à l'individualisme strict comme au holisme strict. C'est dans cette perspective, que Durkheim écrit : « la cellule vivante ne contient rien que des particules minérales, comme la société ne contient rien en dehors des individus ; et pourtant il est, de toute évidence, impossible que les phénomènes caractéristiques de la vie résident dans des atomes d'hydrogène, d'oxygène, de carbone et d'azote »[1]. Si la société possède une réalité spécifique, encore faut-il comprendre que les propriétés qui lui sont propres ne peuvent être définies sans faire référence à celles des individus qui la composent.

1. É. Durkheim, *Les règles de la méthode sociologique*, *op. cit.*, « Préface à la seconde édition », p. 81.

L'INCONSCIENT

La psychanalyse s'est définie comme science de l'inconscient, soit comme la discipline qui s'efforce de connaître des processus qui tout en étant psychiques sont étrangers à la conscience. L'inconscient se présente comme son concept central : Freud dit de la différenciation du psychique en conscient et inconscient qu'il s'agit du « premier schibboleth de la psychanalyse »[1], c'est-à-dire de son « épreuve décisive » qui la fait aussi reconnaître. En effet, les idées d'inconscient et de refoulement – le refoulé constituant une grande part des contenus inconscients – paraissent constitutives d'une théorie psychanalytique. S'il n'y a pas d'inconscient et de résistances à lever, on ne voit pas ce que la cure conserve comme sens. Si le concept d'inconscient existe bien avant la constitution de la psychanalyse, Freud en a indéniablement proposé une compréhension si radicalement neuve, qu'on a parlé à son sujet de « découverte freudienne ». Il sera alors principalement question du concept d'inconscient tel que

1. S. Freud, « Le moi et le ça » (1923), *OC XVI*, p. 258. Les textes de Freud sont cités dans l'édition des *Œuvres complètes* publiées aux P.U.F. en 21 tomes sous la direction de Jean Laplanche. On notera *OC* et le numéro du volume.

l'a théorisé la psychanalyse. Pour interroger le rapport de la psychanalyse aux sciences humaines, nous poserons la question de savoir quelle incidence possède sur la définition de ce rapport la façon dont l'inconscient psychique est diversement saisi. Faire droit et place à un concept fort d'inconscient, cela conduit-il à éloigner la psychanalyse du discours des sciences humaines ? Nous verrons comment des versions socialisées, sociologisées ou intersubjectivistes de la psychanalyse sont susceptibles de rapprocher celle-ci du projet des sciences humaines. Mais elles risquent ce faisant de priver le concept psychanalytique d'inconscient de la radicalité qu'il tient de son étrangeté, de son caractère pulsionnel, etc.

La question du rapport de la psychanalyse comme science de l'inconscient aux sciences humaines trouve d'abord, quand elle prend le sens d'une question de fait, une réponse évidente. Il est manifeste, d'une part, que la psychanalyse est allée au devant de l'objet général des sciences humaines en statuant sur des problèmes anthropologiques classiques. Il suffit ici d'évoquer des textes comme *Totem et Tabou*, *L'avenir d'une illusion* ou *Malaise dans la culture*. Dans « L'intérêt que présente la psychanalyse », Freud expose de façon détaillée l'apport que représente la science psychanalytique pour l'ensemble de la culture[1]. D'autre part, toutes les disciplines relevant des sciences humaines et sociales se sont à un moment donné intéressées à la psychanalyse et à ses hypothèses concernant l'inconscient psychique. Dans une conférence de 1963-1964[2], L. Althusser passait déjà en revue plusieurs types

1. S. Freud, « L'intérêt que présente la psychanalyse » (1913), *OC XII*, p. 120.

2. L. Althusser, *Psychanalyse et sciences humaines, Deux conférences (1963-1964)*, Paris, Le livre de poche, 1996.

de rencontres – thématisées ou non – des sciences humaines avec la psychanalyse. Pour la psychologie, il évoquait le travail de R. Spitz, décisif pour la connaissance du développement du nourrisson; pour la biologie et la psychophysiologie, les travaux d'H. Wallon; pour la sociologie, toutes les théories qui confèrent au principe de réalité la société comme origine; enfin, pour la philosophie, le courant existentialiste auquel il est arrivé de s'inspirer du rapport analysant/analyste pour penser l'intersubjectivité originaire.

On pourrait compléter cette liste[1], en évoquant des exemples aussi divers que la façon dont certains linguistes ont rencontré les thèses freudiennes, celle dont G. Devereux a fait de la psychanalyse un instrument d'analyse des données de l'histoire et de l'ethnologie[2], les tentatives de psycho-histoire d'inspiration psychanalytique (chez E. Erikson, R. Dodds, S. Friedländer, R. Laforgue, P. Gay, etc.) ou encore l'usage que fait des références psychanalytiques un N. Elias, convaincu de l'indissociabilité du social et du psychique et de la nécessité de travailler à une science de l'homme réunifiée[3]. Plus récemment, on pensera aux emprunts des Gender Studies

1. Voir P. Kaufmann (éd), *L'apport freudien, Eléments pour une encyclopédie de la psychanalyse*, Paris Bordas, 1998.

2. Voir G. Devereux, *Essais d'ethnopsychiatrie générale*, Paris, Gallimard, (1970) 1983. Et G. Devereux, *De l'angoisse à la méthode dans les sciences du comportement*, Paris, Flammarion, 1980.

3. Voir B. Lahire, « Freud, Elias et la science de l'homme », Postface à Norbert Elias, *Au-delà de Freud, sociologie, psychologie, psychanalyse*, Paris, La Découverte, 2010, p. 188 ; voir aussi N. Elias et J. L. Scotson, *Logiques de l'exclusion*, Paris, Fayard, (1965) 1997 ; voir aussi N. Elias, « Le refoulement des pulsions et la rationalisation », *La dynamique de l'Occident*, Paris, Calmann, Lévy, (1969) 1991.

à la psychanalyse, comme chez J. Mitchell et J. Butler[1]. On évoquera aussi l'apport de la psychanalyse dans la psychodynamique du travail (C. Dejours)[2]. Enfin, si l'on veut, chose discutable, tenir la théorie littéraire pour une science humaine, on trouvera là également nombre d'emprunts à la psychanalyse, comme la « textanalyse »[3].

LE STATUT DE LA PSYCHANALYSE : LA PSYCHANALYSE COMME SCIENCE HUMAINE ?

Reste pourtant ouverte la question de droit, celle du rapport théorique de la psychanalyse au champ des sciences humaines. Ce problème engage celui de la définition de la psychanalyse, celle de son statut épistémologique. Quel peut être le statut épistémologique d'une science de l'inconscient ? Trois types de réponses à cette question peuvent être distingués.

1) Freud considère la psychanalyse comme une science[4] et déclare qu'il a « toujours ressenti comme une injustice grossière qu'on ne voulût pas traiter la psychanalyse comme toute autre science de la nature »[5]. Aussi possède-t-elle pour lui les attributs principaux de la science[6]. C'est de sa méthode

1. Voir J. Mitchell, *Psychanalyse et féminisme*, Paris, Éditions des Femmes, 1974. Voir aussi J. Butler, *Trouble dans le genre*, Paris, La Découverte, (1990) 2005.

2. Voir C. Dejours, *Souffrance en France, la banalisation de l'injustice sociale*, Paris, Seuil, 2000; *Travail vivant, 1 : Sexualité et travail*, Paris, Payot, 2009 ; P. Molinier, *Les enjeux psychiques du travail*, Paris, Payot, 2008.

3. J. Bellemin-Noël, *Psychanalyse et littérature*, Paris, P.U.F., (1978) 2002.

4. S. Freud, *OC XIV*, p. 183.

5. S. Freud, *OC XVII*, p. 106.

6. S. Freud, *OC XVIII*, p. 177-178.

qu'elle tient sa scientificité : « la psychanalyse est caractérisée non par la matière qu'elle traite, mais par la technique avec laquelle elle travaille »[1]. Et cette méthode est empirique : « la psychanalyse n'est pas un enfant de la spéculation, mais le résultat de l'expérience ; et pour cette raison, comme chaque nouvelle production de la science, elle est inachevée »[2]. Que cette expérience consiste dans les observations de cas permis par le travail d'analyse et non dans des expérimentations ne compromet pas son statut de science :

> les médecins d'une université américaine se sont refusés à reconnaître à la psychanalyse le caractère d'une science, en avançant comme raison qu'elle ne permet pas de preuves expérimentales. Ils auraient pu aussi élever la même objection contre l'astronomie ; l'expérimentation sur les corps célestes est en effet particulièrement difficile. On y reste réduit à l'observation.[3]

L'observation de cas conduit à la formation de théories et de concepts, qui vont permettre de rendre compte des phénomènes cliniques observés et qui vont ainsi recevoir une confirmation. Les difficultés qui se présentent trouveront « une solution grâce à d'autres observations ou à des observations faites en d'autres domaines »[4].

Pourtant, Freud a conscience du statut particulier de la psychanalyse, car « seule de toutes les disciplines médicales, elle a les relations les plus étendues avec les sciences de l'esprit et est en passe d'acquérir pour l'histoire de la religion

1. S. Freud, *OC XIV*, p. 402.
2. S. Freud, « Sur la psychanalyse » (1913), *OC XI*, p. 29.
3. S. Freud, *OC XVIII*, p. 103.
4. S. Freud, *OC XII*, p. 261-262.

et de la culture, la mythologie et la science littéraire, une significativité analogue à celle de la psychiatrie »[1]. Le but de l'association psychanalytique internationale consiste dans la « culture et promotion de la science psychanalytique fondée par Freud, aussi bien en tant que psychologie pure que dans son application à la médecine et aux sciences de l'esprit; soutien mutuel des membres dans tous leurs efforts pour acquérir et diffuser les connaissances psychanalytiques »[2]. Mais la psychologie pure, si elle est une science, est-elle une science de la nature? Freud semble à la fois les associer et les distinguer[3]. Il ne paraît pas vouloir trancher, déclarant que la question de savoir si la psychanalyse est un secteur de la médecine ou de la psychologie est « une querelle de docteurs, sans aucun intérêt pratique »[4]. Mais ce flottement – « La psychologie, elle aussi, est une science de la nature. Que serait-elle donc d'autre? Mais son cas est différent »[5]! – laisse en suspens la nature exacte de la psychanalyse.

2) Pourquoi cette position nous semble-t-elle étrange? D'abord, car on associe souvent sciences de la nature et sciences exactes, comprises comme sciences reposant sur des théories de la mesure. En outre, la psychanalyse a l'homme en tant qu'homme pour objet, pour cette raison qu'elle étudie ses processus psychiques inconscients. Par conséquent, elle constitue une des façons dont l'homme se forme une

1. S. Freud, *OC XVI*, p. 202.

2. S. Freud, « Contribution à l'histoire du mouvement psychanalytique » (1914), *OC XII*, p. 290.

3. S. Freud, *OC XIX*, p. 265.

4. S. Freud, *OC XVIII*, p. 82.

5. S. Freud, « *Some elementary lessons in psycho-analysis* » (1938), *Résultats, idées, problèmes II*, Paris, P.U.F., 1985, p. 291.

connaissance de lui-même sous un certain rapport. Elle se distingue alors des sciences de la nature qui étudient soit autre chose que l'homme soit ce qui en l'homme n'est pas spécifiquement humain. D'autre part, le fait que l'homme se prenne lui-même pour objet instaure un rapport particulier qui influe sur le type de connaissance dont il s'agit. Dans l'analyse, on a interrogé en particulier l'incidence du contre-transfert dans les interprétations. Celui-ci voit l'analyste développer des sentiments positifs ou négatifs et des attentes à l'égard du patient, alors que l'analyse exige qu'il reste le plus neutre possible. De même, à la différence des objets que les sciences naturelles soumettent à des expérimentations, les sujets que la psychanalyse met en présence ne restent pas indifférents au dispositif dans lequel ils sont placés (le transfert correspondant à une répétition inconsciente de sentiments que le patient nourrit ou nourrissait à l'égard d'une personne et qui dans la cure prennent le médecin pour objet). Si Freud prétend livrer une connaissance de la réalité psychique, la formulation de lois et l'identification de mécanismes psychiques reposent d'ailleurs sur une démarche interprétative : l'analysant engagé dans une psychanalyse cherche à interpréter ses rêves et ses symptômes, c'est-à-dire à leur donner un sens. Autrement dit, la psychanalyse ne cherche pas simplement à établir une causalité, mais à donner un sens global aux phénomènes observés. Mais cette interprétation a le statut d'une hypothèse et non celui d'une démonstration. C'est pourquoi une interprétation peut être contestée et entrer en concurrence avec une autre. Surtout, la nature thérapeutique de la psychanalyse en modifie grandement le statut : « Une psychanalyse n'est justement pas une force probante exempte de tendances, mais une intervention thérapeutique; elle ne veut en soi rien prouver, mais seulement changer quelque chose»[1]. Par conséquent, si grâce à l'application de la méthode analytique la cure parvient à libérer le patient d'une partie de ses inhibitions, les théories sur lesquelles elle repose reçoivent une forme de confirmation. Les thèses de Freud sont justifiées *a posteriori* par le fait que nombre d'analyses menées parviennent à leur but.

3) Prenant acte de tous ces éléments, pourquoi ne pas considérer la psychanalyse comme une science humaine? Si cette position semble une solution séduisante, elle ne va pourtant pas non plus sans difficulté. Althusser a bien posé les termes du problème: la psychanalyse confère-t-elle à la psychologie un fondement véritable dans le domaine des sciences humaines? La psychanalyse permettrait à la psychologie d'être concrète et de se déployer comme science humaine à part entière. G. Politzer déjà avait commencé par faire de la psychanalyse la psychologie concrète que la psychologie classique, tributaire du préjugé de l'âme, ne pouvait pas être[2]. Il montra pourtant ensuite comment la psychanalyse allait elle aussi se perdre dans l'abstraction et redevient une forme de métaphysique, en rabattant la saisie du drame concret sur une pensée du drame impersonnel: «en un sens l'inconscient ne représente dans la psychanalyse que la *mesure de l'abstraction qui survit à l'intérieur de la psychologie concrète*»[3]. L. Althusser explique quant à lui comment Freud a donné à la psychologie un fondement, lui permettant de s'accomplir dans le champ des sciences humaines, pour cette raison qu'il a pris conscience et a exhumé l'essence de l'objet de la psychologie.

1. S. Freud, *OC IX*, p. 92.

2. G. Politzer, *Critique des fondements de la psychologie, La psychologie et la psychanalyse*, Paris, P.U.F., (1928) 2003, p. 17.

3. *Ibid.*, p. 156.

En effet, ce n'est qu'en développant et étudiant l'essence de son objet qu'une science peut s'effectuer réellement. Or cette essence, dit L. Althusser, n'est autre que l'inconscient. Comme science humaine fondée, « l'objet de la psychologie, c'est l'inconscient. C'est seulement en définissant par cette essence l'objet de la psychologie comme l'inconscient, que la psychologie peut se développer »[1]. En levant le préjugé « métaphysique » qui fait de la conscience l'essence du sujet la psychanalyse permettrait à la psychologie d'être concrète et de dialoguer avec les sciences humaines et sociales.

Pourtant, L. Althusser présente aussi les apories de cette position, qui ne permet pas de faire le départ entre psychanalyse et psychologie. Or l'altérité foncière entre les pratiques psychanalytiques et psychothérapeutiques demande à être fondée. D'autre part, l'inscription de la psychanalyse dans le champ des sciences humaines se nourrit largement des interprétations intersubjectivistes et existentielles de la situation analytique. Lorsqu'on rapproche la psychanalyse des théories historico-existentielles portant sur les rapports d'interrelation et de constitution réciproque, on n'est plus en mesure de distinguer psychanalyse et philosophie de l'intersubjectivité[2]. P.-H. Castel a souligné les risques d'une psychanalyse intersubjectiviste, que beaucoup appellent de leurs vœux, qui fait valoir une relation thérapeutique plus empathique. Celle-ci n'en vient-elle pas à liquider l'inconscient ?[3]. Cet amalgame, confusion assumée dans certaines versions de la psychanalyse

1. L. Althusser, *Psychanalyse et sciences humaines*, *op. cit.*, p. 40-41.

2. J. Laplanche, S. Leclaire, « L'inconscient, une étude psychanalytique » (1961), dans J. Laplanche, *Problématiques IV, L'inconscient et le ça*, Paris, P.U.F., 1998, p. 274.

3. Voir P.-H. Castel, *A quoi résiste la psychanalyse ?*, Paris, P.U.F., 2006.

existentielle, est contestable car la relation analytique est dissymétrique. Ce n'est pas non plus un procès transitif (de la forme quelqu'un analyse quelqu'un d'autre) mais elle a pour formule comme dit R. Major « s'analyser avec de l'autre ».

4) Une troisième position a été défendue, selon laquelle la psychanalyse serait « hors champ ». Il s'agit de revendiquer la singularité épistémologique de la psychanalyse, en montrant son irréductibilité à un discours scientifique. Cette position s'inspire de l'enseignement de J. Lacan. Elle consiste à affirmer que la psychanalyse est un savoir et non une science : le discours de la science, animé par le projet d'objectivation du fonctionnement psychique, ne pourrait prendre en compte le caractère inaccessible du réel pour la psyché, en tant que déterminée par l'inconscient, et par conséquent l'inanité, la concernant, du paradigme de la causalité matérielle. Cela veut dire que la manière dont le psychisme organise le réel ne se confond pas avec une connaissance du réel. Pour Lacan, la raison en est que l'homme ne peut aborder le réel et lui-même que grâce aux filets du signifiant. Ce qu'il veut saisir lui échappe et reste un signifiant dans une chaîne des signifiants. À cela s'ajoute le caractère subjectif et personnel de la demande, c'est-à-dire de la requête adressée à autrui en vue de satisfaire le besoin et à laquelle il est impossible de répondre. Cette demande singulière semble radicale et inobjectivable. La démarche et le projet scientifiques ne permettraient pas de comprendre ces « inaccessibles » qui occupent la psychanalyse. La psychanalyse lacanienne, en effet, s'interroge sur l'articulation du symbolique, du réel et de l'imaginaire, interrogation qui serait étrangère à la science. Pour cette raison, elle n'appartiendrait pas au même champ que les

sciences humaines, et se constituerait en un « savoir » autonome et spécifique, irréductible à un type de scientificité [1].

L'INCONSCIENT PSYCHIQUE CHEZ FREUD

On perçoit qu'en ayant pour objet l'inconscient, la psychanalyse traite d'un inobjectivable qui l'éloigne de fait du projet des sciences humaines. Certes, en accordant à la théorie, dans la psychanalyse, la place qu'elle mérite, on peut faire valoir les lois psychiques, les mécanismes typiques qu'elle dégage, ce qui lui confère une allure de démarche scientifique. Néanmoins, cette production d'un savoir général est toujours contrebalancée par la radicale singularité de l'objet réel de la pratique analytique. Sans aller jusqu'à affirmer qu'il n'y a que des interprétations « locales » et pas de théorie, il faut reconnaître que la cure a toujours affaire à un sujet singulier, dont il n'y a pas de science. C'est pourquoi l'interprétation d'un rêve exige la présence et les associations du rêveur, car elle met en jeu un matériel absolument personnel [2]. Aussi Freud ne dit-il presque rien des trois rêves de Descartes qu'on lui soumet [3].

À la fin des années 1880, Freud s'est forgé l'opinion que le comportement des hystériques paraît dirigé par des représentations dissimulées à leur conscience. Il nommera bientôt inconscientes ces représentations. Mais peut-on connaître ce savoir qui se définit par le fait qu'il est inaperçu de celui qui le possède ? Ce savoir inconscient est tout à fait paradoxal. Être

1. Voir J. Lacan, *L'éthique de la psychanalyse*, Séminaire VII, 1959-1960, Paris, Seuil, 1986.

2. S. Freud, *OC XIV*, p. 241-242.

3. S. Freud, « Lettre à Maxime Leroy sur un rêve de Descartes » (1929), *OC XVIII*, p. 235.

conscient, c'est être présent à son savoir. Le sujet qui pense (un objet) serait avant tout une conscience[1]. Un être conscient est donc un être sachant ou plutôt un sujet, car un objet n'est pas conscient; et ce sujet pense, il se représente un objet. Est consciente l'activité de la pensée. Or, inconscient signifie « qui n'est pas sachant » (et non ce qui est non-su). Ce qualificatif concerne aussi le sujet. Un sujet inconscient possèderait donc une pensée qui ne se penserait pas comme pensée, une activité de la pensée qui n'aurait pas connaissance d'elle-même. Il aurait une pensée non réfléchie (et non irréfléchie), qui ne ferait pas retour sur elle-même. Mais comment puis-je dire que je pense, si je ne sais pas que je pense, et donc si je ne sais pas ce qui est pensé par moi ? La difficulté réside en ceci que l'inconscient désigne un état de la pensée et non du corps. La solution viendra peut-être du fait qu'on reconnaîtra que ces pensées inconscientes sont miennes sans pourtant être pensées en première personne : sans que « je » pense, « ça » pourrait penser en moi. Mais l'idée de représentation inconsciente reste problématique. Pourquoi alors en venir à une hypothèse si difficile ?

C'est que celle-ci vient elle-même résoudre un problème. Il s'agit de rendre compte de phénomènes que la conscience ne suffit pas à expliquer. Le problème n'émerge pas avec Freud. Descartes l'avait déjà affronté. Face à la difficulté de se remémorer le passé, se pose la question du sort de nos anciennes pensées. Si la conscience définit la pensée, comment expliquer la fuite des anciennes pensées ? Dans les *Quatrièmes Objections*, A. Arnault l'interroge sur la pensée des enfants. Peut-on dire aussi d'eux qu'ils ont une conscience immédiate de leurs

1. Voir Descartes, *Principes*, Livre I, article 9.

pensées ? Et les pensées intra-utérines ? Comment expliquer qu'ils ne puissent se souvenir des pensées qu'ils ont eues tout jeunes ? Descartes forge alors une distinction entre les pensées directes et les pensées réfléchies[1]. La pensée directe serait une pensée dont on ne remarque pas la nouveauté quand elle se produit en nous pour la première fois, c'est pourquoi, on ne pourra pas s'en souvenir. Elle laisse des traces impropres au souvenir car ce sont des traces non dans l'âme mais dans le corps ou, pour les pensées de l'enfant, dans une âme encore trop organique pour être consciente. Celles-ci seraient en outre inconscientes car l'enfant est tellement plongé dans la pensée qu'il a, que manque la distance nécessaire pour l'attention. Nous pourrions aussi demander si ces anciennes pensées directes ne sont pas susceptibles d'agir ultérieurement. Si les anciennes pensées réfléchies laissent des vestiges dans l'âme et sont ces pensées que la remémoration actualise, est-ce que les pensées directes qu'on a eues dans l'enfance ne continuent pas à agir dans l'âme ? Alors ce ne serait pas que des traces corporelles... Le problème de Freud n'est pas du tout le même et son concept d'inconscient est radicalement différent. Néanmoins l'idée de pensées inconscientes sert elle aussi à remédier aux difficultés que ne manque pas de soulever l'identification de la pensée et de la conscience.

Dans l'article de 1915 « L'inconscient », Freud explique à la fois qu'il n'y a pas de connaissance directe de l'inconscient et qu'il est indispensable de supposer que celui-ci existe. L'inconscient n'est pas un fait d'expérience. On en fait *l'hypothèse*. Ses processus sont bien inconnaissables en eux-mêmes, car ils sont soustraits à la conscience et sont déduits

1. R. Descartes, Lettre à Arnault du 29 juillet 1648.

d'autres phénomènes qui, eux, sont conscients ou qui émergent dans la conscience. Freud comparera ces formations qui laissent affleurer l'inconscient à des ruines. Comme ruines, ils éveillent la curiosité, mais il n'est pas facile de les faire parler[1]. Il s'agit donc d'une interprétation à partir de signes et on n'accède jamais au texte original de l'inconscient.

S'il est nécessaire de supposer l'existence d'une vie psychique inconsciente, c'est que les données de la conscience sont lacunaires. Lorsqu'on est confronté à une pensée, un acte, un comportement, dont on ne trouve pas l'antécédent dans la conscience, se manifeste une lacune dans la chaîne causale. Mais quels sont ces phénomènes qui restent inexplicables par des représentations conscientes ? Les actes manqués, les rêves, les symptômes psychiques, les phénomènes compulsionnels et, dans la vie courante, l'irruption de certaines pensées, répond Freud. Ce ne sont manifestement pas tous des formations pathologiques. Le rêve par exemple est une suite de phénomènes psychologiques se produisant pendant le sommeil et dont on se souvient plus ou moins après le réveil. Son contenu apparent – ou manifeste – consiste en un réseau de pensées qui ne sont pas liées entre elles, mais sont confuses ou absurdes. C'est ce qu'on peut raconter de nos rêves. Si on en reste là, le phénomène est inexpliqué. Il est impossible de lui donner un sens. La vie psychique se présente alors comme lacunaire. Pour expliquer la formation de ces pensées extravagantes du rêve, Freud suppose que ce contenu manifeste n'est que la traduction consciente ou l'élaboration secondaire d'un contenu dit « latent ». Il s'agit de la traduction déformée, abrégée, mal comprise et censurée des pensées latentes

1. S. Freud, « Sur l'étiologie de l'hystérie » (1896), *OC III*, p. 150.

– inconscientes – pleines de sens, mais que la psyché préfère refouler. Cela suppose que tout dans la vie psychique a un sens. Si c'est le cas et qu'on ne peut expliquer tous les phénomènes psychiques par la conscience (leur conférer une signification), alors ce qui donne sens ne se réduit pas aux données de la conscience et le sens déborde les représentations. Freud ajoutera une seconde preuve pour appuyer l'hypothèse de l'inconscient, une preuve pratique, le succès des cures : il y a une pratique qui repose sur cette hypothèse et qui fonctionne.

Mais pourquoi parler d'une entité – l'inconscient – et non simplement de pensées inconscientes ? Freud parle parfois, surtout au début de son œuvre, de l'inconscient comme d'une qualité. La conscience, le préconscient et l'inconscient servent dans ce cas à désigner trois qualités psychiques. Les pensées possèderaient une qualité contingente et les qualités « préconscient » et « inconscient » désigneraient un degré d'éloignement par rapport à la qualité « conscience », qualifiant quant à elle des pensées immédiatement disponibles. L'inconscient peut alors n'être qu'une étape dans l'histoire d'une pensée.

Pourtant, à côté de ce discours, Freud emploie un autre langage, plus étrange, dans lequel l'inconscient désigne une réalité : « l'inconscient est l'essence du psychisme ». Cela signifie que l'inconscient n'est pas une qualité de la pensée mais son en soi. Il devient une réalité, par principe, inconnaissable et toute représentation semble en son fond inconsciente. La conscience, elle, reste une simple qualité : « tout ce qui est psychique était d'abord inconscient, la qualité de conscience pouvait s'y rajouter ensuite ou aussi bien rester absente »[1].

1. S. Freud, « Autoprésentation » (1925), *OC XVII*, p. 78.

S'installe l'idée que la psyché n'abrite pas simplement une multiplicité de pensées inconscientes, mais une réalité ou une instance – l'Inconscient – qui est inconsciente par nature.

L'inconscient est alors un étranger qui fait du psychisme un être scindé, dont la plus grande part reste inaccessible. Mais quel sens y a-t-il alors à tenter de se réapproprier ce qui est inconscient par essence ? En effet, chez Freud, au fil des années l'inconscient devient de plus en plus une essence (et de moins en moins une qualité) et il prend de plus en plus de place (il va englober une partie du moi et le censeur, l'instance du refoulement). La question de la réappropriation de soi par soi devient plus difficile si ce qu'on refoule et celui qui refoule sont inconscients. On a pu suggérer alors que Freud avait opéré un renversement du problème de départ : avec la théorie freudienne de l'inconscient, c'est maintenant la conscience qui devient le plus difficile à penser. Comment expliquer le phénomène de la conscience, de l'attention ? Comment le devenir conscient est-il possible ? L'incompréhensible paraissait résider dans l'idée d'un inconscient psychique et le développement de la théorie semble au contraire rendre difficilement compréhensible le phénomène de conscience.

D'AUTRES CONCEPTS D'INCONSCIENT

Cette conception freudienne de l'inconscient doit être mise en perspective à la fois avec d'autres conceptions psychanalytiques de l'inconscient mais aussi d'autres façons de penser l'inconscient dans le cadre d'autres types de pratiques et de doctrines. Concernant les autres concepts psychanalytiques, il faudrait évoquer d'abord les transformations que C. G. Jung fait subir au concept psychanalytique d'inconscient en élaborant l'idée, introduite en 1916, d'inconscient collectif[1]. Viendrait ensuite évidemment l'analyse de la pensée lacanienne de l'inconscient, car J. Lacan, tout en considérant l'inconscient freudien comme la meilleure « trouvaille » de Freud – il en fait l'un des quatre concepts fondamentaux de la psychanalyse (avec la pulsion, la répétition et le transfert) – va néanmoins remanier profondément le concept, comme en témoignent les formules devenues célèbres « l'inconscient c'est le discours de l'autre » ou « l'inconscient est structuré comme un langage ». Les concepts psychanalytiques d'inconscient sont néanmoins souvent précédés dans l'histoire de la pensée mais aussi concurrencés par d'autres manières de définir l'inconscient. Nous ne pouvons en évoquer ici qu'un petit nombre, bien conscients d'en laisser d'importants de côté comme la notion d'inconscient « historique ».

Le non-décelé, l'insensible. Inconscient désigne d'abord ce qui est latent et correspond à un si faible degré de conscience qu'il passe inaperçu. Il prend le sens d'un contenu qui n'est pas présent actuellement à notre esprit mais pourrait le devenir si nous portions sur lui une attention aiguisée ou s'il était augmenté d'autres impressions du même ordre qui, agglomérées, franchissaient le seuil de la conscience. L'image la plus connue est fournie par Leibniz, c'est celle du mugissement de la mer dont on est frappé près du rivage et qui se compose de toutes les « petites perceptions » ou « perceptions insensibles » du bruit de chaque vague[2]. Accompagnée de mémoire ou de conscience, cette perception, souvent confuse,

1. C. G. Jung, *Psychologie de l'inconscient*, Paris, Le Livre de Poche, (1952) 1993.

2. G. W. Leibniz, *Nouveaux essais sur l'entendement humain*, Paris, Flammarion, 1990, Préface, p. 42-43.

indistincte, inaperçue isolément, deviendra sentiment. Freud dirait que cet inconscient est plus proche de ce qu'il nomme « préconscient » (système Pcs) et qu'il définit comme ce qui est latent, ce qui peut devenir conscient si la conscience y prête attention. Pour lui, reconnaître que la conscience connaît une grande série de gradations d'intensité ou de netteté ne conduit en rien au concept d'inconscient : « en appeler de l'inconscient au peu décelé et au non décelé n'est donc malgré tout qu'un rejeton du préjugé selon lequel l'identité du psychique avec le conscient est établie une fois pour toutes »[1].

La fonction d'inconscience de la conscience. Ce n'est pas sans raison qu'on dit de Hegel qu'il a saisi la « fonction d'inconscience de la conscience ». C'est pourquoi il paraît avoir été pour J. Lacan un solide allié dans sa critique d'une psychologie qui tenait la conscience pour un pouvoir de synthèse et en faisait un phénomène unitaire. Il est tiré argument *dans* Hegel, *contre* la « psychologie de la conscience », pour appuyer la thèse de la méconnaissance par le sujet de sa propre réalité. Dans *La Phénoménologie de l'esprit*, en effet, la conscience ne saisit pas son parcours comme une histoire et un progrès mais comme un destin qui la ballotte d'illusion en illusion. L'apprentissage dont son expérience est corrélative n'apparaît qu'à la conscience philosophique qui se retourne sur ce trajet. La conscience pense que ses nouveaux objets lui échoient accidentellement. Cela « se déroule pour nous en quelque sorte dans son dos »[2]. Pourtant, l'état d'inconscience est tenu pour une forme d'immédiateté qui doit être dépassée :

1. S. Freud, « Le moi et le ça », *op. cit.*, p. 261.

2. G.W.F. Hegel, *Phénoménologie de l'Esprit*, trad. fr. par B. Bourgeois, Paris, Vrin, 2006, p. 129; *Encyclopédie des sciences philosophiques I*, trad. fr. par B. Bourgeois, Paris, Vrin, 1970, § 25, p. 291-292.

« dans l'âme, la différence est encore enveloppée en la forme de l'indifférenciation, par suite, de l'inconscience »[1]. Ces états psychiques passifs, obscurs, qui ne sont pas posés dans la conscience, sont destinés à être dépassés avec le développement et la formation normaux de l'esprit. L'esprit n'y retombe que lorsqu'il est *dérangé*. Or l'inconscient psychique qu'étudie la psychanalyse n'est jamais dissipé ni relevé, mais constitue une dualité et une détermination indissolubles. Ensuite, ce qui se passe chez Hegel dans le dos de la conscience et qui est seulement pour nous se distingue absolument de ce que signifie l'inconscient psychique, dont il n'est pas de prise de conscience et qui est inconscient *pour tous*[2].

Les marges de la conscience. La phénoménologie est conduite elle aussi à la fois à discuter l'idée d'inconscient psychique et à proposer ses propres versions de l'inconscient. Il faudrait considérer d'abord la critique sartrienne de l'inconscient freudien mais surtout la fonction du concept de mauvaise foi. Plus largement, l'idée d'intentionnalité induit le fait que la conscience intentionnelle a des marges, des franges, un implicite méconnu de l'intentionnalité actuelle. Se rencontre ici une des seules proximités de Levinas avec la psychanalyse. On connaît généralement la critique lévinassienne de la psychanalyse freudienne à partir du reproche qui lui est adressé de méconnaître le sens *radical* de la subjectivité et de

1. G.W.F. Hegel, *Encyclopédie des sciences philosophiques*, III, trad. fr. par B. Bourgeois, Paris, Vrin, 1988, Add. § 389, p. 405.

2. G.W.F. Hegel, *Phénoménologie de l'Esprit II*, *op. cit.*, p. 646.

la conscience[1]. Néanmoins, E. Levinas peut dire aussi avec la psychanalyse que la conscience n'épuise pas la notion de subjectivité. Sa pensée peut rejoindre la psychanalyse, en particulier touchant « une subjectivité qui se poserait, peut-être en se dé-posant, tel un roi qui renonce à son royaume et à sa royauté »[2]. De même, il insiste sur la proximité entre l'intentionnalité qui lie la pensée à un implicite et la psychanalyse : « Que cette pensée se trouve tributaire d'une vie anonyme et obscure, de paysages oubliés qu'il faut restituer à l'objet même que la conscience croit pleinement tenir, voilà qui rejoint incontestablement les conceptions modernes de l'inconscient et des profondeurs »[3].

L'inconscient structural. C. Lévi-Strauss, en mettant en question l'importance étiologique réelle de la conscience et de l'existence humaines, est conduit à explorer une forme d'inconscient. Celui-ci relève du symbolique, si le structuralisme distingue ce troisième ordre du réel et de l'imaginaire. L'inconscient structural n'est pas individuel ou personnel mais correspond au petit nombre de principes formels inconscients ou structures qui sont intelligibles et qu'on peut étudier, qui font la communauté des sociétés humaines par-delà leurs différences manifestes. Les structures sont premières, leurs expressions pratiques secondes. Elles sont nécessairement inconscientes, chacune étant comme une infrastructure recouverte par ses produits et ses effets. L'inconscient

1. E. Levinas, *Entre nous, Essais sur le penser-à-l'autre*, Paris, Grasset, 1991, p. 36-37 ; « Quelques vues talmudiques sur le rêve », dans A., J.-J. Rassial (éd.), *La psychanalyse est-elle une histoire juive ?*, Paris, Seuil, 1981, p. 127.

2. *Ibid.*, p. 114.

3. E. Levinas, *En découvrant l'existence avec Husserl et Heidegger*, Paris, Vrin, 1988, p. 130.

structural correspond alors à l'ensemble de ces principes inconscients qui déterminent les comportements humains. Il signifie que le social est expliqué par le symbolique. Ces lois de structures sont intemporelles : le symbolique prime alors à la fois sur l'imaginaire et l'historique dans l'ordre de la détermination. Tout comme l'inconscient psychique, l'inconscient structural ignore le temps. Mais, contrairement à lui, il est vide et formel[1]. Ce n'est pas un ensemble de contenus, une collection de représentations ou de motions désirantes qui viendraient expliquer les contenus sociaux. Il consiste uniquement dans ces lois structurales – le système inconscient est constitué par des différences et des oppositions, soit des écarts significatifs, comme en linguistique – qu'il impose aux représentations et aux désirs. Ce qui le rapproche néanmoins de l'inconscient psychique, c'est la critique du sens à laquelle ils sont tous deux adossés (l'idée que le sens n'est pas immédiat, mais produit, second)[2].

L'inconscient cognitif. Les neurosciences ont eu recours à une notion d'inconscient. La notion d'inconscient cognitif, voire neuronal, voisine avec l'idée que l'inconscient doit être écarté comme concept imprécis de la psychologie populaire. A. Damasio insiste sur le fait que « nous n'avons pas besoin de choisir entre les vues de Jung et celles de Freud pour reconnaître l'existence de processus inconscients »[3] car les contenus de pensée présents à notre esprit ainsi que nos

1. Voir J. Benoist, « Structures, causes, raison. Sur le pouvoir causal de la structure », *Archives de philosophie*, 66, 2003.

2. « Claude Lévi-Strauss, Réponses à quelques questions », *Esprit*, 322, 1963, p. 647-648.

3. A. R. Damasio, *Le sentiment même de soi, corps, émotions, conscience*, Paris, Odile Jacob, 1999, p. 294.

souvenirs sont le terme d'un long processus dont nous n'avons pas conscience : « la liste de ce que nous ne connaissons pas est stupéfiante »[1]. On constate aussi l'existence de compétences qui restent hors du champ de la conscience telles la régulation des fonctions vitales ou les aptitudes acquises automatisées ou dispositions, les préférences qui s'expriment sans passer par le moi connaissant, les images qui se forment et dont on ne se préoccupe pas, les configurations neuronales qui ne deviennent jamais images. L'inconscient nomme aussi « tout le savoir caché que la nature a consigné dans des dispositions homéostatiques innées… »[2]. Bien plus, Damasio va faire de l'inconscient psychique un fragment d'un inconscient plus étendu : « L'inconscient, dans le sens étroit du mot que notre culture lui a conféré, n'est qu'une partie d'un vaste ensemble de processus et de contenus qui demeurent non conscients, c'est-à-dire absents de la conscience-noyau ou étendue »[3].

Ces versions de l'inconscient radicalement non-psychanalytiques sont parfois renvoyées à Freud. Beaucoup de chercheurs ont ainsi voulu minorer une rupture trop bruyante de la neurophysiologie avec Freud. Cependant, note Gerard Pommier, dans *Comment les neurosciences démontrent la psychanalyse*, « cette sorte de respect pour la psychanalyse ressemble fort à celui que l'on réserve à une vieille dame dont les opinions seraient dépassées ou auraient mal tourné ». On va ainsi chercher chez Freud les prémices abandonnées des travaux actuels sur le cerveau, A. Damasio

1. A. R. Damasio, *Le sentiment même de soi, corps, émotions, conscience*, *op. cit.*

2. *Ibid.*, p. 230.

3. *Ibid.*, p. 229.

déplorant que « l'influence de Freud se porta ailleurs que sur les neurosciences »[1].

RÉSISTANCES DE L'INCONSCIENT

Pourtant les concepts non-psychanalytiques d'inconscient sont souvent (mais pas toujours) des concepts « doux » – et non « durs » ou « forts » – porteurs d'une conception relationnelle de l'inconscient ou dans lesquels celui-ci devient un degré ou un moment. Déjà Freud caractérisait celui-ci comme un savoir que nous ne connaissons qu'une fois qu'il a subi une traduction en conscient. L'inconscient, cette autre scène, n'est jamais dans le prolongement de la conscience. Aussi J. Lacan a-t-il mis en garde contre la méprise qui consiste à établir entre eux une continuité : « Dans le champ freudien, malgré les mots, la conscience est trait [...] caduc à fonder l'inconscient sur sa négation »[2]. En psychanalyse l'inconscient est une réalité non-relationnelle : il ne se positionne pas par rapport au champ intentionnel mais par opposition au système, lui-même en grande part inconscient, « Préconscient-Conscient »[3].

Étrangeté de l'inconscient. J. Lacan a beaucoup insisté sur l'opacité de l'inconscient qui s'obstine à rester un autre. Le sujet s'en trouve divisé et sa transparence occultée, si bien que son savoir – d'être inscrit dans un discours dont il ignore le code mais qui lui échoit – cesse d'être connaissance[4]. La psychanalyse révèle l'opacité d'un sujet désirant qui

1. *Ibid.*, p. 46.
2. J. Lacan, *Écrits II*, Paris, Seuil, 1971, p. 158.
3. J. Laplanche, S. Leclaire, « L'inconscient, une étude psychanalytique », *op. cit.*, p. 274.
4. A. Juranville, *Lacan et la philosophie*, Paris, P.U.F., (1984) 2003, p. 128.

n'exprime plus la structure réflexive de la conscience ni ne se présente comme l'agent de son désir. La difficulté est pour J. Lacan que, outre la psychologie, certaines versions de la psychanalyse occultent cette opacité du sujet qui est celle du signifiant (psychologies de l'« ego » à la recherche du renforcement des identifications, de la maîtrise des instincts et de l'adaptation[1]).

La radicalité de cette étrangeté caractérise aussi bien l'inconscient freudien, qui se distingue par l'ignorance de traits distinctifs de la conscience (la négation, la contradiction, le temps et la mort). G. Rosolato peut alors s'autoriser du texte freudien pour thématiser « la relation d'inconnu » qu'il oppose à la tendance technologique de la psychanalyse qui prétend accéder sans reste à l'inconscient. Elle signifie un rapport à l'inconnaissable qui interdit la possibilité d'une explication totale[2]. Pour W. R. Bion aussi l'investigation analytique, même approfondie, est toujours balbutiante et la proportion du connu à l'inconnu infime au terme de la cure et *a fortiori* au cours de celle-ci[3]. Seul le « point obscur » doit occuper l'attention de l'analyste et non les découvertes, dans l'idée que cet inconnu est pour partie un inconnaissable.

L'étrangeté de l'inconscient dépend de l'altérité du ça, fond pulsionnel de la personnalité. C'est un réservoir pulsionnel, de part en part inconscient, mais dynamique, sans

1. J. Lacan, « Fonction et champ de la parole et du langage », *Écrits I*, Paris, Seuil, (1970) 1999.

2. G. Rosolato, « La psychanalyse au négatif », *Topique*, *Revue freudienne*, *18*, 1977 : « Trajets analytiques ».

3. W. R. Bion, *L'attention et l'interprétation*, Paris, Payot, 1974, p. 123.

ordre, ce qu'exprime l'image du chaudron[1]. Il tient son nom d'une expérience d'étrangeté qui justifie le choix de ce pronom neutre[2]: le ça impersonnel se rattache déjà à des expressions comme « "ça m'a secoué"; "c'était en moi, quelque chose qui à cet instant était plus fort que moi." "*C'était plus fort que moi*" »[3]. C'est pourquoi la visée de la thérapeutique, la fortification du moi à l'égard des exigences du surmoi et son extension sur les terres du ça, décrite par la formule freudienne, « *Là où ça était, je dois advenir* », est limitée: « C'est là un travail culturel, à peu près comme l'assèchement du Zuyderzee »[4]. Enfin, si le refoulement porte *électivement* sur la sexualité, c'est que celle-ci est chez Freud profondément une expérience d'étrangeté.

Problèmes. En quoi et comment la reconnaissance de l'inconscient psychique dans sa plus radicale étrangeté modifie-t-elle les relations de la psychanalyse aux sciences humaines? En soulignant cette opacité, on souligne d'abord ce qui les rapproche. Pour Freud, la recherche scientifique a infligé au narcissisme humain les vexations cosmologique, biologique et psychologique. Le fait que « la vie pulsionnelle de la sexualité en nous ne se laisse pas pleinement dompter » et que « les processus animiques sont en soi inconscients »[5] signifie que le moi n'est plus maître dans sa propre maison[6].

1. S. Freud, « La nouvelle suite des leçons d'introduction à la psychanalyse » (1933), *OC XIX*, p. 156-157.

2. S. Freud, « La question de l'analyse profane » (1926), *OC XVIII*, p. 17.

3. *Ibid.*, p. 17-18.

4. S. Freud, « La nouvelle suite des leçons d'introduction à la psychanalyse », *op. cit.*, p. 162-163.

5. S. Freud, « Une difficulté de la psychanalyse » (1917), *OC XV*, p. 50.

6. *Ibid.*, p. 49.

Cet inconscient fait signe vers un sujet dessaisi ou destitué. Il définit alors pour le sujet une situation irréductible d'aliénation dans laquelle il diffère irrémédiablement de lui-même. Il y a peut-être là une anthropologie commune avec un certain discours des sciences humaines qui affirment l'aliénation constitutive d'un sujet qui ne s'appartient pas tout à fait à lui-même, ou qui répond dans son comportement ou ses idées à une causalité hétéronome.

Pourtant, prendre acte de l'altérité de l'inconscient, c'est aussi formuler ce qui fait obstacle à cette anthropologie partagée et ce qui éloigne la psychanalyse des sciences humaines. En effet, quoique ancré dans la nature, l'inconscient se présente comme une « autre scène ». La question de la nature humaine semble suspendue par l'hypothèse d'une vie psychique inconsciente en ce que celle-ci se détache de toute nature. L'inconscient n'a résolument aucune nature. La psychanalyse lacanienne exploitera cette différence là pour saisir l'originalité de la loi du symbolique[1]. P.-L. Assoun l'a formulé ainsi : « Freud s'appuie d'autant plus sur une rationalité évolutionniste qu'elle permet de cerner, par une logique continuiste, le "trou" que l'objet-sujet inconscient atteste, au cœur même du processus – la psychanalyse, "science de la nature", faisant elle-même "trou" dans le savoir de l'Homme »[2]. La radicale étrangeté de l'inconscient – ce réel « troué » dont parle Lacan – est donc aussi ce qui désamorce le discours anthropologique. L'existence de l'inconscient et la saisie de son étrangeté constituent une brèche dans la connaissance qu'on peut avoir

1. Voir J. Lacan, « Subversion du sujet et dialectique du désir dans l'inconscient freudien », *Écrits*, Paris, Seuil, 1966, p. 803.

2. P.-L. Assoun, « Freudisme et darwinisme », dans P. Tort (éd.), *Dictionnaire du darwinisme et de l'évolution*, t. II, Paris, P.U.F., 1996, p. 1763.

de l'homme. En effet, parce que le sujet de la psychanalyse est le sujet déterminé par l'inconscient, il est ce qui échappe et non ce qui, même difficilement, s'offre à la connaissance. Comme y insiste J. Lacan, l'inconscient est cette partie du discours qui empêche toute continuité dans le discours conscient du sujet[1]. Surtout, la nature thérapeutique de la psychanalyse fait de celle-ci une pratique singulière, faite d'interprétations originales pour chaque cas distinctes. La « clinique » de l'inconscient situe donc la psychanalyse très loin de la démarche de connaissance des sciences humaines.

Enfin, les versions de la psychanalyse les plus à même de la rapprocher des sciences humaines voire de l'inscrire dans leur champ sont également celles qui souvent proposent une lecture déflationniste de ses principes (inconscient, fantasme, sexualité, théorie des pulsions). Souvent les tentatives de socialisation ou de sociologisation de la psychanalyse et ses interprétations intersubjectivistes ont pour coût le sacrifice de l'inconscient dans son hétérogénéité foncière. À vouloir produire des versions de la psychanalyse immédiatement utilisables par les sciences humaines ou compatibles avec elles, on risque d'affadir la doctrine, voire d'en supprimer la spécificité. C'est par exemple le jugement de T. Adorno sur les tentatives de conciliation de la psychanalyse avec la sociologie conduites par l'école dite « révisionniste » : « Plus la psychanalyse est sociologisée, plus son organe de connaissance des conflits d'origine sociale s'émousse. [...]

1. J. Lacan, « Fonction et champ de la parole et du langage », *op. cit.*, p. 257.

Ainsi, la psychanalyse est-elle transformée en une sorte d'assistance sociale supérieure »[1].

Il est d'autant plus problématique de réduire la psychanalyse à ses versions déflationnistes que ce qui à la fois en fait l'originalité et semble résister à toutes les critiques, c'est bien la position d'un inconscient radicalement étranger. L'inconscient serait ainsi à la fois ce qui résiste à une appropriation complète de la psychanalyse dans le champ des sciences humaines, également ce qui fait l'unité de la psychanalyse à travers la multiplicité de ses courants, et enfin ce qui résiste face aux tentatives d'invalidation dont le nombre va croissant[2]. On s'aperçoit que ce qui résiste, c'est la résistance elle-même. C'est la résistance solidaire de l'inconscient qui résiste pour P.-H. Castel et qui forme le noyau et l'avenir de la psychanalyse. C'est, écrit-il, l'espace légitime de ses futures transformations, le lieu où elle peut retrouver une fécondité et une radicalité.

Pourtant, on ne conclura pas sur le constat du caractère difficilement conciliable du discours des sciences humaines avec une conception forte de l'inconscient. En effet, l'apport et l'intérêt de la psychanalyse pour les sciences humaines consistent aussi paradoxalement dans ce qui en elle l'en éloigne et la situe même hors de leur champ. Ainsi on soutien-

1. T. W. Adorno, *La psychanalyse revisitée*, Paris, Éditions de l'Olivier, 2007, p. 27.

2. Voir J. Derrida, « Résistances », *Résistances De la psychanalyse*, Galilée, 1996 ; Voir aussi P. H. Castel, *A quoi résiste la psychanalyse ?*, *op. cit.* ; A. Caillé (éd.), *Psychanalyse, philosophie et science sociale. Vers une anthropologie partagée ?*, MAUSS, 37, 2011.

dra par exemple l'intérêt de thèmes psychanalytiques comme le modèle monologique du fantasme ou la théorie des pulsions pour la théorie sociale, justement parce que ce sont des motifs qui semblent en contrarier les attendus. En cela, nous suivons le geste théorique de T. Adorno qui, critiquant la sociologisation de la psychanalyse, n'est pas loin de placer la contribution de la psychanalyse dans ses motifs les plus asociaux : « Freud a plus perçu de l'essence de la socialisation que [ce] coup d'œil rapide jeté en passant sur la condition sociale, du fait même qu'il s'obstina à rester du côté de l'existence atomisée de l'individu »[1] et il « est parvenu, grâce, précisément, à son atomisme psychologique, à exprimer adéquatement une réalité dans laquelle les êtres sont effectivement atomisés et séparés les uns des autres par un gouffre infranchissable »[2].

1. T. Adorno, « *La psychanalyse revisitée* », *op. cit.*, p. 21.
2. *Ibid.*, p. 38-39.

L'EXPÉRIMENTATION

L'expérimentation désigne ordinairement une méthode d'investigation de la nature fondée sur l'intervention humaine dans le cours des phénomènes et sur leur manipulation contrôlée, à des fins de connaissance. Elle est souvent présentée comme le mode d'investigation privilégié et emblématique de la science moderne, qui lui doit quelques-uns de ses plus beaux succès – au point qu'elle a souvent été assimilée, dans le sillage de la « Révolution scientifique » des XVIIe-XVIIIe siècles, à la méthode scientifique par excellence. Ceci explique qu'au moment où les sciences humaines sont devenues des disciplines indépendantes au XIXe siècle, la question de l'applicabilité de l'approche expérimentale à l'étude des hommes et de la société se soit immédiatement posée. D'emblée, cependant, l'expérimentation a été considérée comme impossible à mettre en œuvre dans la plupart de ces sciences. Certains ont cherché à contourner les obstacles à l'expérimentation sur l'homme et la société en lui trouvant des substituts – des méthodes d'investigation qui, sans être expérimentales au sens strict, se rapprochaient autant que possible de l'expérimentation dans leur mode de raisonnement. D'autres ont cherché à asseoir leurs disciplines sur d'autres modèles de scientificité, n'ayant rien de commun avec celui des sciences expérimentales. Au-delà de l'expérimentation proprement dite, c'est donc aussi le *modèle expérimental* qui, dans les sciences sociales, a cristallisé les enjeux et les clivages. Celui-ci a fonctionné comme un gage de scientificité, démontrant la capacité de ces disciplines à prouver, à établir des lois et à identifier les causes.

Ces controverses ont parfois été obscurcies, nous semble-t-il, par deux confusions. Tout d'abord, l'idée reçue selon laquelle l'expérimentation au sens strict serait inopérante ou inapplicable aux sciences humaines et sociales doit être nuancée. Si certaines sciences humaines comme l'histoire ou l'archéologie semblent exclure par principe l'expérimentation effective, il existe au moins une discipline qui depuis ses débuts au milieu du XIXe siècle, a toujours utilisé l'approche expérimentale (même si elle inclut aussi d'autres approches) : la psychologie. D'autres, comme l'économie, la sociologie, ou la linguistique, y ont aussi recours de façon plus ou moins marginale. La question de savoir si ces pratiques expérimentales sont exactement équivalentes à celles des sciences de la nature reste ouverte, et leur légitimité est parfois contestée. Toujours est-il que l'expérimentation effective, sous ses différentes variantes (expérimentation de laboratoire ou expérimentation de terrain) fait bien partie intégrante de l'arsenal méthodologique, large et composite, des sciences humaines. Ensuite, on peut s'interroger sur le postulat selon lequel les sciences humaines auraient besoin d'être expérimentales pour être de véritables sciences. Après tout, dans les sciences de la nature, l'expérimentation n'est qu'une méthode parmi d'autres, et il faut rappeler que certaines disciplines (comme l'astronomie ou la géologie, sans parler des mathématiques), pour n'être pas expérimentales, n'en sont pas moins des sciences à part entière. La question de l'applicabilité de la méthode expérimentale aux sciences humaines gagnerait donc à être dissociée de celle de leur scientificité.

Les pages qui suivent se proposent donc d'interroger la possibilité, la fécondité, et les spécificités de l'expérimentation (comme pratique effective, ou comme idéal épistémologique) dans les sciences de l'homme et de la société. Nous examinerons d'abord les obstacles qui paraissent s'opposer à l'usage de l'expérimentation dans l'étude des phénomènes humains et sociaux. Nous évoquerons ensuite le modèle expérimental dans les sciences sociales (la sociologie en particulier) et ses limites, avant de nous tourner vers les spécificités des pratiques expérimentales lorsque celles-ci sont réellement mises en œuvre dans les sciences humaines et sociales (en psychologie notamment).

LES OBSTACLES À L'EXPÉRIMENTATION DANS LES SCIENCES HUMAINES

Dans les sciences naturelles, l'expérimentation est un procédé d'investigation par lequel on cherche à produire ou modifier un phénomène, en isolant et manipulant les variables qui sont susceptibles d'agir sur le phénomène en question. Si la pratique de l'expérimentation s'est répandue dans les sciences de la nature à partir du XVIIe siècle, la systématisation de cette pratique en « méthode expérimentale » vient surtout des épistémologues du XIXe siècle, tels que John Stuart Mill ou, un peu plus tard, Claude Bernard.

Claude Bernard distingue l'expérimentation au sens strict de ce qu'il appelle le *raisonnement* expérimental (ou la *méthode* expérimentale). Prise au sens strict, l'expérimentation s'oppose à l'observation : « l'observation est l'investigation d'un phénomène naturel, et l'expérience est l'investigation d'un phénomène modifié par l'investigateur »[1]. On peut en ce sens distinguer les sciences d'observation comme l'histoire naturelle ou l'astronomie, des sciences expérimentales comme la physique ou la physiologie. À côté de l'expérimentation proprement dite, Claude Bernard définit aussi le « raisonnement » ou la « méthode » expérimentale : elle « n'est rien d'autre qu'un *raisonnement* à l'aide duquel nous soumettons méthodiquement nos idées à l'expérience des faits »[2]. En ce sens plus large, le raisonnement expérimental est « absolument le même dans les sciences d'observation et dans les sciences expérimentales »[3] : il consiste toujours à « raisonner sur ce que l'on a observé, comparer les faits et les juger par d'autres faits qui servent de contrôle »[4]. Un astronome ou un naturaliste font donc un raisonnement expérimental, quoiqu'ils ne fassent pas d'expériences, aussitôt qu'ils contrôlent leurs hypothèses par des observations[5]. En ce sens la méthode expérimentale est la « voie scientifique définitive » de toute science[6].

Outre cette fonction générale d'instance de contrôle des assertions scientifiques, l'expérimentation – au sens strict, cette fois-ci – offre encore un avantage plus particulier par rapport à d'autres modes d'investigation. Cette utilité, qu'a tout particulièrement analysée Mill dans le *Système de*

1. C. Bernard, *Introduction à l'étude de la médecine expérimentale*, Paris, Le Livre de poche, (1865) 2008, p. 123.
2. *Ibid.*, p. 103.
3. *Ibid.*, p. 125.
4. *Ibid.*, p. 124.
5. *Ibid.*, p. 125-126.
6. *Ibid.*, p. 102. Voir aussi p. 142.

logique[1], concerne la recherche des causes. Lorsqu'existe une présomption de lien causal entre deux variables, l'expérimentation permet en effet, de façon bien plus fiable que tout autre mode d'investigation, de tester la réalité de ce lien. Bernard écrit à ce sujet : « Pour conclure avec certitude qu'une condition donnée est la cause prochaine d'un phénomène, il ne suffit pas d'avoir prouvé que cette condition précède ou accompagne toujours le phénomène ; mais il faut encore établir que, cette condition étant supprimée, le phénomène ne se montrera plus »[2]. Or, parce qu'elle manipule les phénomènes et peut les faire cesser à volonté, l'expérimentation permet, mieux que l'observation, de réaliser les contre-épreuves décisives : « C'est la contre-épreuve qui juge si la relation de cause à effet que l'on cherche dans les phénomènes est trouvée. Pour cela, elle supprime la cause admise pour voir si l'effet persiste »[3]. Cette démarche correspond à ce que John Stuart Mill appelait, dans son canon de la méthode inductive, la « méthode des différences ». Claude Bernard appelle la médecine à ne pas rester une science d'*observation*, mais à devenir *expérimentale* en se fondant sur la physiologie, seule condition à laquelle, à ses yeux, la médecine pourra devenir une science véritable[4].

Compte tenu de ces bénéfices prêtés à la démarche expérimentale, on peut comprendre que les pionniers des sciences de l'homme et de la société et leurs premiers

1. J. S. Mill, *Système de logique déductive et inductive*, trad. fr. par L. Peisse, Paris, (1843) 1889.

2. C. Bernard, *Introduction à l'étude de la médecine expérimentale*, *op. cit.*, p. 183.

3. *Ibid.*, p. 184-185.

4. *Ibid.*, p. 128-129.

théoriciens se soient d'emblée demandés dans quelle mesure cette méthode d'investigation pouvait ou non être importée dans les sciences humaines. On doit à Mill, dans le sixième livre du *Système de logique*, la première discussion d'envergure de cette question. Il affirme que les « sciences morales » ne peuvent s'appuyer ni sur l'expérimentation ni même sur une forme quelconque de raisonnement expérimental. Une expérience n'est concluante, dit-il, que s'il est possible d'isoler l'effet propre d'un seul facteur à l'exclusion de toute autre circonstance. Or, le monde social est si complexe et si mouvant qu'il est impossible que cette condition soit jamais satisfaite. Prenons l'exemple d'une relation causale présumée, l'influence favorable de la prohibition des marchandises étrangères sur la richesse nationale. Est-il possible d'obtenir une confirmation expérimentale de cette hypothèse ? D'une part, supposons qu'on dispose d'un cas de pays ayant été pauvre avant l'adoption d'une législation prohibitrice, et prospère après cette législation. Il est évident que ce cas, en tant que tel, n'est pas probant : dans la mesure où le monde social est complexe et en perpétuel changement, dans le temps même où les mesures protectionnistes auront été adoptées et auront produit leurs effets, beaucoup d'autres changements se seront produits ; par conséquent, la prospérité de cette nation peut avoir résulté d'une multitude d'autres causes que de la législation protectionniste. D'autre part, quand bien même cette première difficulté serait résolue, on ne peut rien conclure d'un cas unique : il faudrait, pour vérifier l'hypothèse, pouvoir comparer les nations protectionnistes à celles qui ne le sont pas. Mais du fait qu'une nation se compose d'un nombre potentiellement infini de variables, on ne trouvera jamais de sociétés rigoureusement semblables sous tous leurs aspects, hormis le fait qu'elles sont (ou non) protectionnistes et (ou non) prospères – ce qui serait nécessaire pour que l'« expérimentation » soit décisive (méthode des différences). On ne peut pas davantage espérer rencontrer des nations qui ne concorderaient en rien sinon le fait qu'elles sont protectionnistes et prospères (méthode de concordance). Contrairement à une expérience de physique réalisée dans l'espace simplifié du laboratoire, ou à une observation astronomique dans laquelle les objets observés ne diffèrent que sur un petit nombre de paramètres physiques bien identifiés, la combinatoire du monde social comporte un nombre infini de variables, impossible à inventorier, et ces variables ne sont jamais deux fois dans la même configuration, ce qui rend la recherche des lois d'une effrayante complexité. À ceci s'ajoute, selon Mill, que les paramètres du monde social (par exemple les conditions ethniques, économiques ou culturelles) ne constituent pas des séries causales indépendantes mais exercent tous une influence les uns sur les autres. De plus, les phénomènes sociaux sont d'un ordre de complexité supérieur aux phénomènes biologiques. Par conséquent, les phénomènes sociaux qui nous intéressent (la « prospérité » d'une nation, par exemple) sont la résultante globale d'une complication énorme de causes et non l'effet d'une cause unique. De ces différents faits (multitude indéfinie des variables, non-récurrence de leurs configurations, enchevêtrement des causes) s'ensuit l'impossibilité d'isoler l'effet d'un facteur donné pour extraire des régularités. Bien que désireux d'aligner autant que possible les sciences morales sur les sciences de la nature, Mill conclut que l'effet du protectionnisme sur la prospérité nationale ne peut être vérifié par aucune méthode « expérimentale », et plus généralement que la méthode expérimentale n'est pas applicable à la science sociale [1].

En s'inspirant des analyses de Mill et d'Ernest Nagel [2], on pourrait alors résumer ainsi les principaux obstacles à l'application de l'expérimentation aux sciences humaines et sociales. Expérimenter suppose trois conditions : que le chercheur puisse manipuler à volonté certaines variables considérées comme pertinentes pour produire les phénomènes qui l'intéressent ; que ces variables puissent être manipulées isolément les unes des autres ; que ces manipulations et leurs effets soient reproductibles. De ces trois conditions découlent plusieurs types de difficultés pour l'expérimentation dans les sciences sociales.

Premièrement, le chercheur en sciences humaines et sociales ne peut pas intervenir à son gré sur le monde social : il n'a pas le pouvoir (politique et pratique) de modifier arbitrairement les conditions de vie de ses semblables pour mieux les connaître. En ce sens, il ne dispose pas de son matériel de recherche au même degré que les sciences physico-chimiques ou même biologiques (à noter que le cas de la médecine est différent et s'apparente ici davantage aux sciences sociales). Cette première limite est d'ordre éthique et politique : il ne serait pas moralement admissible, par exemple, qu'un chercheur sépare des bébés humains à leur naissance et les élève dans l'isolement pour déterminer la part qui revient à l'apprentissage social dans leur développement. En outre,

1. J. S. Mill, *Système de logique*, *op. cit.*, Livre VI, chap. VII.

2. E. Nagel, *The Structure of science*, Routledge, New York, 1961, chap. 13, en particulier p. 447-459. Voir aussi K. Popper, *Misère de l'historicisme*, trad. fr. par H. Rousseau et R. Bouveresse-Quilliot, Pocket, (1944) 1988, chap. I.

à supposer qu'un chercheur ait le pouvoir exorbitant de faire des modifications sociales de grande envergure à des fins expérimentales, une telle interven-tion, comme le remarque Nagel, serait évidemment elle-même une variable majeure de l'expérience, qui transformerait son résultat. Indépendamment de ces difficultés, les obstacles à la manipulation expérimentale sont également d'ordre pratique : si l'expérimentation semble parfois possible à l'échelle de l'individu (d'où sa possibilité en psychologie), elle semble beaucoup plus difficile voire impossible quand l'objet étudié est un groupe ou une société entière ou même plusieurs géné-rations (il paraît par exemple tout à fait impossible de créer de toutes pièces une langue ou une religion). On peut d'ailleurs noter que le problème n'est pas absent des sciences physiques, lorsque leurs objets d'études se situent à une échelle temporelle ou spatiale bien plus grande que celle de l'homme : c'est ainsi le cas de la géologie ou de la météorologie.

Le deuxième problème qui se pose est celui, soulevé par Mill, de la multitude des variables, de leurs perpétuelles modifications et interactions, et de la complexité de leurs enchaînements : même s'il était possible d'intervenir librement sur le monde social, il faudrait encore, pour obtenir des observations concluantes, parvenir à isoler l'effet de la variable manipulée en gardant constantes toutes les autres. La troisième difficulté (liée d'ailleurs à la seconde), également soulevée par Mill, tient au fait que de telles expérimentations sur le social excluraient toute réplication : une société n'est jamais deux fois dans le même état – condition nécessaire pour pouvoir éprouver la régularité de certains effets. Si l'on effectuait une expérimentation dans le monde social, la réalisation de cette expérience changerait irréversiblement les conditions de cette société et celle-ci ne pourrait être reproduite. Les modifications du monde social, en outre, laissent une trace dans la mémoire des hommes. On voit ici poindre l'idée (développée par exemple par Heinrich Rickert ou Max Weber) que les faits sociaux sont par nature singuliers et historiques, et que c'est cette historicité et singularité (leur caractère non-récurrent) qui résiste en eux à l'expérimentation. Ce problème se pose bien sûr de manière particulièrement aiguë pour les sciences sociales (l'histoire au premier chef) qui prennent pour objets d'étude des événements uniques, mais il se pose à des degrés divers dans toutes les disciplines des sciences humaines.

Une première objection que l'on pourrait adresser à Mill (et que lui adressera Émile Durkheim dans les *Règles de la méthode sociologique*) est que la plupart de ses arguments pourraient aussi bien s'appliquer aux sciences biologiques et médicales, dans lesquelles l'expérimentation (ou, à défaut, le raisonnement expérimental) a pourtant fait ses preuves comme méthode d'investigation. Dans ces sciences, en effet, il n'est guère possible de maintenir constantes toutes les variables à l'exception d'une seule. Les organismes sont des êtres en perpétuel changement, tous différents les uns des autres ; ce sont aussi des totalités organisées, régies par des formes de causalité complexes dans lesquels le tout paraît organiser les parties, et où, de ce fait, une intervention expérimentale risque d'altérer l'organisme dans sa totalité. On peut noter qu'à l'époque où Mill publiait son *Système de logique*, beaucoup de biologistes et de médecins – et Mill avec eux – invoquaient précisément ces propriétés singulières des vivants pour récuser toute possibilité d'une science biologique appuyée sur l'expérimentation.

En médecine, en particulier, la recherche des causes présente à première vue les mêmes difficultés que dans les sciences sociales : si un malade auquel on administre un médicament guérit, cela ne veut pas dire que le médicament soit la cause de la guérison; sa rémission pourrait être spontanée ou due à l'influence d'autres causes. De plus, si l'on compare entre eux plusieurs malades auxquels on a (ou non) donné le médicament, ces malades ne sont jamais strictement identiques. Pourtant, il est possible de prouver l'efficacité d'un médicament. Il suffit pour cela d'effectuer l'expérience sur un grand nombre de malades. On considère en effet que l'itération des cas permet alors d'homogénéiser les groupes et de neutraliser les variables interférentes. Ne serait-il pas possible de procéder dans les sciences sociales de manière analogue ?

Plus généralement, il serait possible d'opposer à Mill (comme le fait en particulier Nagel) que dans les sciences physico-chimiques elles-mêmes, deux situations expérimentales ne sont jamais exactement identiques (ou dissemblables) à un facteur près, comme le voudrait théoriquement la méthode de différence (ou de concordance). L'assurance selon laquelle deux situations expérimentales sont équivalentes moins une variable dépend en fait d'un choix du scientifique, de ses idées préalables, des facteurs qu'il a ou non pris en considération, de son habileté expérimentale : une interférence méconnue peut toujours lui échapper. C'est en s'appuyant sur l'ensemble de ses connaissances qu'un expérimentateur peut décider que telle ou telle variation est négligeable ou sans rapport avec le phénomène étudié, et considérer que l'expérience est probante. Il convient donc peut-être d'assouplir ce qu'on entend par modèle expérimental pour voir si les sciences humaines sont susceptibles d'en faire usage.

SCIENCES HUMAINES ET MODÈLE EXPÉRIMENTAL

Dans les *Règles de la méthode sociologique*, le manifeste méthodologique qu'il publie en 1895, Durkheim soutient contre Mill qu'une expérimentation « indirecte » ou « comparative » (c'est-à-dire fondée sur l'observation comparative des faits sociaux qui se présentent spontanément à l'étude et non pas sur leur manipulation directe, qu'il tient pour impossible) peut être mise en œuvre en sociologie et que cette science doit en faire son mode d'investigation privilégié[1]. Durkheim, néanmoins, reste proche de Mill par sa conception de ce qu'est l'expérimentation – une méthode qui permet de démontrer qu'un phénomène est cause d'un autre par la variation systématique des circonstances de l'observation. De plus, il préconise que la sociologie s'appuie sur l'un des modes de raisonnement expérimental identifié par Mill dans son canon de la méthode inductive, la méthode des « variations concomitantes ». Une variation concomitante est une corrélation entre deux phénomènes. La méthode des variations concomitantes que Durkheim veut importer en sociologie consiste à fonder la recherche causale sur l'observation de ces covariations.

Le *Suicide*, que Durkheim publie deux ans après les *Règles*, permet d'illustrer ces principes[2]. Durkheim étudie les statistiques du suicide dans plusieurs pays européens, sur plusieurs décennies. Il met en relation les taux de suicide et divers facteurs (l'âge, le sexe, la religion, le statut matrimonial du suicidé; la saison, le jour de la semaine où l'acte a été commis ...). Il observe ainsi, chiffre à l'appui, que les taux de

1. É. Durkheim, *Les règles de la méthode sociologique*, P.U.F., (1895) 2002, chap. VI.

2. É. Durkheim, *Le suicide*, Paris, P.U.F., (1987) 1990.

suicide présentent des variations concomitantes avec tout un ensemble de facteurs (l'âge : le suicide augmente avec l'âge ; la saison : le suicide augmente avec la durée du jour ; l'appartenance confessionnelle : les protestants se suicident plus que les catholiques, et ces derniers plus que les juifs, etc.), et qu'en revanche, ils ne sont pas corrélés à d'autres variables (la folie, la chaleur, l'alcoolisme, etc.). Certaines de ces concomitances sont inattendues et contre-intuitives : pourquoi, par exemple, se suicide-t-on plus aux beaux jours qu'en hiver ? Il s'agit donc d'identifier les relations causales sous-jacentes à ces corrélations. La concomitance, en effet, n'est pas la cause : celle-ci peut être due non à ce qu'un des phénomènes est la cause de l'autre, mais à ce qu'ils sont tous deux les effets d'une même cause, ou encore à ce qu'une troisième variable, effet du premier et cause du second, est intercalée entre les deux.

Par exemple[1], Durkheim cherche à expliquer pourquoi le suicide est plus fréquent chez les protestants que chez les catholiques. Est-ce en raison d'une différence de dogme, ou bien parce que le protestantisme, en favorisant le libre-examen, diminue l'intégration de l'individu au groupe ? Si la seconde hypothèse est vraie, la tendance au suicide devrait augmenter avec le niveau d'instruction, ce qui est le cas[2]. L'outil statistique permet donc de confirmer ou de rejeter les hypothèses sur les relations causales qui se cachent derrière les corrélations observées.

Dans cette recherche des causes, Durkheim, en accord avec les exigences que Mill formulait pour la méthode expérimentale, cherche à raisonner « toutes choses égales par

1. *Ibid.*, Livre I, chap. III, § 2-4.
2. *Ibid.*, Livre II, chap. II.

ailleurs » : il s'efforce de comparer les taux de suicide de deux groupes qui ne diffèrent, autant que possible, que par une seule variable, et parvient par ce raisonnement à débusquer ou neutraliser un certain nombre de variables cachées. Par exemple, il constate que le taux de suicide est plus élevé chez les hommes mariés que chez les célibataires. Mais les célibataires sont en moyenne plus jeunes que les hommes mariés, alors que le taux de suicide augmente avec l'âge. Pour savoir si le mariage favorise le suicide, il faut donc comparer les deux groupes à âge égal. Les données statistiques révèlent alors que ce sont les célibataires qui se suicident plus que les hommes mariés, c'est-à-dire que le mariage préserve du suicide. Ensuite, Durkheim se demande si, chez les hommes mariés, c'est le mariage ou les relations familiales (qu'il occasionne) qui préserve du suicide. L'analyse des données montre que ce sont les relations familiales car chez les couples mariés sans enfant, le coefficient de préservation des époux tend à diminuer et leur tendance au suicide à s'approcher des célibataires, voire à les dépasser dans le cas des femmes sans enfants. L'outil statistique permet donc d'isoler de manière toujours plus fine la cause du suicide qui est véritablement opérante derrière les variables telles que la saison, le moment de la semaine, du jour, la religion, etc.

Cette possibilité qu'offrent les statistiques de « soustraire », en quelque sorte, l'effet d'un facteur sur un autre pour autoriser des comparaisons « toutes choses égales par ailleurs » fournit aux yeux de Durkheim un analogue méthodologique de la manipulation contrôlée des variables dans les sciences expérimentales, qui a à ses yeux le même résultat : isoler l'effet d'une variable pure. La sociologie aussi a donc sa méthode expérimentale. Il faut toutefois remarquer que l'« expérimentation indirecte » telle que l'entend Durkheim dans les *Règles* ne se limite pas à l'utilisation de la statistique, même si celle-ci lui prête un appui particulièrement efficace. Durkheim a aussi étudié des phénomènes pour lesquels il n'existait pas de données statistiques ou qui portaient sur des aspects moins quantitatifs des phénomènes sociaux, par exemple dans *Les Formes élémentaires de la vie religieuse*. La comparaison historique se substitue alors à l'analyse statistique. Mais Durkheim affirme que le principe de son raisonnement reste inchangé dans ses grandes lignes : dans tous les cas, il s'agit d'affirmer la comparabilité des faits sociaux et de construire des mises en série de ces faits pour faire émerger les lois fondamentales du monde social. L'analogie avec l'expérimentation telle qu'elle se pratique dans les sciences de la nature devient ici plus lâche, mais la notion d'« expérimentation indirecte » fonctionne ici plutôt comme un mot d'ordre naturaliste, qui sert à souligner le caractère scientifique de la sociologie, conçue comme une science comparable aux sciences de la nature, et qui vise, comme celles-ci, à établir des lois universelles.

Jusqu'où tient l'analogie établie par Durkheim entre le raisonnement sociologique ainsi conçu et l'expérimentation telle qu'elle se pratique dans les sciences de la nature ? Sur ce point, l'analyse que développe, plus de trente ans après le *Suicide*, Maurice Halbwachs, dans un ouvrage intitulé *Les causes du suicide*, est particulièrement instructive et pénétrante. L'enquête d'Halbwachs se présente comme un prolongement et une actualisation de celle de Durkheim, appuyée sur des données statistiques plus complètes et de plus longue durée, et sur des outils statistiques plus fins. On y assiste pourtant, au fil des pages, à une remise en cause discrète, mais décisive, de l'idéal durkheimien d'une quasi-expérimentation.

La notion, développée par Halbwachs, de « genre de vie », constitue le pivot de cette critique.

L'idée maîtresse d'Halbwachs est que les variables, dans les sciences sociales, doivent leurs effets à un « genre de vie ». Halbwachs reprend par exemple la corrélation établie par Durkheim entre religion et taux de suicide : Durkheim, on s'en souvient, expliquait que les protestants se suicidaient plus par le fait que cette religion favorisait le libre-examen. Mais Halbwachs remarque qu'au vu des données statistiques, il est impossible d'isoler l'effet propre du facteur religieux, dans la mesure où les différences religieuses recoupent aussi les divisions de la société non-religieuse : les protestants, par exemple, sont plus nombreux dans les villes et les catholiques à la campagne. Or, quand les catholiques sont citadins, leur taux de suicide tend à se rapprocher de celui des protestants. Si les catholiques se suicident moins, ce n'est donc pas directement en tant que catholiques, c'est parce qu'ils tendent à vivre dans des sociétés plus rurales. Mais ce n'est pas non plus le fait de vivre à la campagne qui, par lui-même, préserve du suicide. L'effet de la ruralité est indissociable du fait que la société villageoise est plus traditionnelle et plus intégrée. La religion catholique, plus répandue dans les milieux ruraux pour des raisons traditionnelles, est d'ailleurs une composante (parmi d'autres) de ces aspects conservateurs de la vie rurale. Halbwachs ne se contente donc pas ici de remplacer une variable (la religion) par une autre (l'urbanisation). Aucune de ces variables n'existe sans la société qui les produit.

Les taux de suicide dépendent donc, non pas d'un, mais d'un groupement de facteurs : on ne peut séparer abstraitement l'action de la religion ou de l'urbanisation du « genre de vie ». Dans un autre contexte historique, la ruralité pourrait par exemple devenir un facteur de risque pour le suicide. Les relations causales qu'établissait Durkheim (entre religion et suicide, par exemple) ne sont donc pas (contrairement à la manière dont celui-ci les concevaient) des lois absolues, intemporelles et universelles : elles ne valent que dans le cadre d'un certain « genre de vie » lié historiquement à ces variables. « Un ensemble de suicides est donc une donnée très complexe qu'on ne peut mettre en rapport qu'avec un ensemble complexe de causes. C'est ce que l'on tend à appeler aujourd'hui un "fait de sociologie totale" qui s'explique non point simplement par un facteur, mais par un système d'influence »[1].

L'analyse d'Halbwachs conduit à repérer un certain nombre de différences structurelles entre le raisonnement statistique mis en œuvre par les sociologues et l'expérimentation. L'expérimentation a pour principe de manipuler chaque variable indépendamment de toutes les autres. Mais les variables ne sont pas indépendantes les unes des autres dans les sciences sociales. Si certaines méthodes statistiques cherchent, autant que possible, à s'approcher de cette situation expérimentale, on ne doit pas oublier l'artificialité de ce raisonnement. La réalité sociale n'offre pas au sociologue toutes les combinaisons et les variations qui seraient nécessaires pour isoler « expérimentalement » des effets reproductibles. Par exemple, Durkheim ne pouvait pas disposer de données significatives sur la population des « femmes diplômées » ou des « juifs paysans » sur la période 1850-1880. Or, le fait que ces données soient « manquantes » est sociologiquement significatif. Comme le dit J. C. Passeron, dans le droit fil des analyses d'Halbwachs :

1. M. Halbwachs, *Les causes du suicide*, Paris, F. Alcan, 1930, p. 492.

> À mesure qu'on se rapproche du « plan d'expérience » [...], que l'on avance dans cette épuration statistique, le raisonnement expérimental s'améliore logiquement, mais devient, en même temps, de plus en plus absurde historiquement et du même coup sociologiquement. On perd le contact avec l'ensemble des probabilités qui liaient entre elles des valeurs de variables *hic et nunc*, c'est-à-dire dans un contexte réel où elles agissaient ensemble, dans une configuration [1].

On pourrait ajouter à ceci le fait que le sociologue ne construit pas ses variables comme le fait le physicien. Dans les sciences physico-chimiques, l'expérimentateur choisit ses variables et les construit de telle sorte qu'elles soient manipulables indépendamment les unes des autres. Le sociologue en revanche, non seulement ne manipule pas ses variables, mais bien souvent, les reçoit toutes faites de catégories sociales préexistantes – celles, par exemple, des fonctionnaires qui enregistrent les suicides.

Le sociologue statisticien n'a pas donc la même marge de manœuvre que l'expérimentateur des sciences physico-chimiques, et il n'est pas certain qu'on gagne en intelligibilité à apparenter les deux démarches. Les statistiques demeurent avant tout une observation à distance, opérant sur les grands nombres : leur fécondité tient surtout à une distanciation, un changement d'échelle dans la perception des phénomènes humains qui permet de faire émerger des régularités supra-individuelles autrement inaperçues. La manipulation expérimentale, au contraire, interagit avec les objets qu'elle étudie, elle les « triture » jusqu'à en exhiber les propriétés les plus

1. J.-C. Passeron, *Le raisonnement sociologique*, Paris, Albin Michel, (1991) 2005, p. 166.

intrinsèques et invariantes. Les deux démarches ont certes en commun de placer leurs objets d'étudc sous un jour inhabituel et de créer des surprises. Mais les deux modes d'investigation n'aboutissent pas aux mêmes résultats. Les régularités mise à jour par le raisonnement sociologique portent sur des complexes de causes – contrairement à ce qu'aurait voulu Durkheim, qui soutenait que la notion de causalité n'avait de sens qu'à la condition qu'il n'y ait qu'une seule cause par effet[1]. D'autre part, les causes que découvre le sociologue ne sont pas des causes déterministes, mais probabilistes. Contre Durkheim qui disait de ses courants suicidogènes qu'ils étaient « aussi réels que des forces cosmiques » et aussi implacables qu'elles, il faut comprendre les variables sociales en fonction desquelles varient les taux de suicide comme des facteurs de risque plutôt que comme des causes qui produiraient invariablement leurs effets[2]. Enfin, les causes sociales ne valent pas universellement : leur portée est limitée à un contexte. Comme le dit J.-C. Passeron, les régularités que le sociologue établit demeurent indexées sur une période et un lieu précis. Passeron définit en ce sens le « raisonnement sociologique » comme une démarche mixte comprenant deux « pôles », l'expérimentation et l'histoire (l'histoire étant ici la science de ce qui n'arrive qu'une fois)[3]. On peut remarquer que ces traits qui caractérisent les sciences sociales (causalité multiple, régularités probabilistes et de moyenne portée) ne leur sont pas

1. É. Durkheim, *Les règles de la méthode sociologique*, *op. cit.*, chap. VI.

2. Sur ce raisonnement de Durkheim, voir I. Hacking, *The Taming of Chance*, Cambridge, Cambridge University Press, 1990.

3. Voir surtout J.-C. Passeron, *Le raisonnement sociologique*, *op. cit.*, p. 145-168.

propres : on les retrouve dans d'autres sciences dans lesquelles les objets et les enchaînements causaux sont complexes et résultent d'une histoire, et où l'expérimentation « toutes choses égales par ailleurs » est impossible ou difficile – dans de larges secteurs de la biologie par exemple [1].

Ces remarques sur les limites du modèle expérimental conduisent aussi à affirmer la nécessaire coexistence de plusieurs démarches méthodologiques dans les sciences sociales et la valeur d'autres modes d'investigation : études de cas, établissement de typologies (c'est-à-dire description des « genres de vie »), modélisation, ou encore généalogies historiques. Parmi tous ces styles de raisonnement, le raisonnement expérimental n'a le monopole ni de la fécondité, ni de la scientificité, ni du contenu empirique. Expérimenter, en particulier, n'est pas le seul moyen de mettre à l'épreuve une hypothèse : à titre d'exemple, la démarche de la preuve documentaire en histoire, qui s'appuie à la fois sur la recherche de documents singuliers et sur l'ensemble des connaissances et des savoir-faire qui permettent la critique des sources, semble tout à fait irréductible au raisonnement expérimental. Plutôt que de faire de l'expérimentation la forme archétypique de la méthode scientifique, il vaudrait mieux la considérer, lorsqu'elle est réellement possible, comme un mode d'investigation original et spécifique : c'est vers ces pratiques expérimentales effectives qu'il convient désormais de se tourner.

1. Voir par exemple : M. Morange, « Biologie : une causalité éclatée », *in* L. Viennot, C. Debru (éd.), *Enquête sur le concept de causalité*, Paris, P.U.F., 2003, p. 161-177.

LES PRATIQUES EXPÉRIMENTALES DANS LES SCIENCES HUMAINES ET SOCIALES

Des expérimentations réelles ont en effet été réalisées dans certaines sciences de l'homme et de la société, principalement en psychologie et en économie. Dans ce qui suit, nous proposerons quelques développements sur la faisabilité de ces expériences, sur les difficultés qu'elles présentent par rapport à celles qui se pratiquent dans les sciences de la nature, et enfin sur ce quelles apportent à la compréhension de la vie humaine et sociale réelle.

Donnons d'abord quelques exemples de ces expériences. Une partie de la psychologie s'appuie sur l'expérimentation de laboratoire. La psychophysique, inaugurée par les travaux du psychologue allemand Gustav Theodor Fechner au milieu du XIXe siècle, a ainsi étudié la manière dont les sensations variaient en fonction des caractéristiques physiques des stimuli, par exemple la façon dont les sensations auditives se transformaient en fonction de l'intensité, de la hauteur ou du timbre des sons.

Certaines des expériences de psychologie les plus célèbres ont été réalisées dans le domaine de la psychologie sociale. La création artificielle d'interactions sociales suppose alors souvent un dispositif expérimental complexe incluant la participation de plusieurs sujets d'expérience ou de comparses de l'expérimentateur et nécessitant la tromperie des sujets. Dans une série d'expériences fameuses sur l'obéissance à l'autorité réalisées au début des années 1960, le psychologue américain Stanley Milgram a ainsi amené sans coercition presque 2/3 des sujets d'expérience, qui croyaient participer à une expérience sur l'apprentissage, à administrer en connaissance de cause, sur son injonction, des décharges électriques très élevées

– décharges qui auraient été mortelles si elles avaient été réelles, ce qui n'était pas le cas – à un autre sujet, qui était en fait un comparse de l'expérimentateur. Ce fait, selon Milgram, corroborait la thèse de la « banalité du mal » (les bourreaux sont des gens ordinaires, déresponsabilisés par l'obéissance à l'autorité) dans l'explication de l'holocauste [1].

Un autre type d'expérimentation couramment pratiqué en psychologie, et plus marginalement en sociologie et, tout récemment, en économie, se fait en revanche sur le terrain. Dans ce cas l'expérimentateur opère dans une situation sociale réelle et manipule une variable pour en observer les effets. Par exemple, à partir du milieu des années vingt, le psycho-sociologue du travail australien Elton Mayo réalise une série d'expériences célèbres (dites expériences d'Hawthorne) dans une usine de la *Western Electric Company* sur l'effet de l'intensité de l'éclairage sur la productivité des ouvriers [2]. Au milieu des années 1960, le psychologue américain Robert Rosenthal, dans l'expérience dite d'*Oak School*, étudie les effets des attentes des maîtres par rapport à leurs élèves en milieu scolaire [3] : il fait croire aux enseignants qu'un test prédit que certains élèves (en réalité tirés au sort) sont des « démarreurs », c'est-à-dire réaliseront prochainement des progrès scolaires spectaculaires ; l'expérience établit alors l'existence d'un « effet Pygmalion », c'est-à-dire que les attentes des

1. S. Milgram, *La soumission à l'autorité : un point de vue expérimental*, trad. fr. par E. Molinié, Paris, Calman-Levy, (1975) 2004.

2. E. Mayo, *Hawthorne and the Western Electric Company*. The Social Problems of an Industrial Civilisation, London, *Routledge*, 1949.

3. Voir R. Rosenthal, L. Jacobson, *Pygmalion à l'école : l'attente du maître et le développement intellectuel des élèves*, trad. fr. par S. Audebert et Y. Rickards, Paris, Casterman, 1971.

maîtres tendent à se réaliser: au cours des deux années suivantes, les « démarreurs » ont effectivement plus progressé à la fois en points de QI et dans leurs résultats scolaires que les enfants du groupe témoin. L'approche expérimentale de terrain s'est tout récemment développée dans les travaux de l'économiste française Esther Duflo[1]: le principe de ses recherches consiste à tester expérimentalement et à petite échelle l'efficacité comparative de plusieurs programmes d'aide au développement. Ce type d'approche permet par exemple de montrer que, dans une région du Kenya, le fait de fournir aux élèves un traitement médical contre les vers intestinaux a été un moyen vingt fois plus efficace que l'augmentation du nombre d'enseignants par élève pour réduire l'absentéisme scolaire.

Contrairement à ce qu'affirmait Mill, l'expérimentation est donc possible non seulement en psychologie, mais encore dans les sciences sociales, à condition d'être pratiquée à échelle réduite et dans des conditions contrôlées. Mill arguait qu'il était impossible d'étudier l'impact d'un facteur (telle une législation prohibitrice) sur la prospérité nationale – et il est vrai qu'on ne peut pas concevoir d'expérimentation probante sur cette question, car la « prospérité nationale » est un phénomène à trop grande échelle, influencé par un trop grand nombre de causes. En revanche, il est possible de tester expérimentalement l'efficacité d'un programme de réduction de l'absentéisme scolaire mis en place par une ONG au Kenya, pourvu qu'on puisse constituer de façon aléatoire un groupe expérimental et un groupe témoin. On est ici dans le cadre

1. Voir E. Duflo, *Expérience, science et lutte contre la pauvreté*, Paris, Fayard, 2009.

de ce que Popper, dans *Misère de l'Historicisme*, appelait le «*piecemeal social engineering*»[1] – l'ingénierie sociale fragmentaire, par opposition à l'expérimentation qui porterait sur la totalité d'une société.

Comme le montrent plusieurs des exemples mentionnés ci-dessus, l'expérimentation sur un individu ou un groupe humain est susceptible de poser un certain nombre de difficultés éthiques ou politiques. On peut ici distinguer trois types de problèmes. Le premier d'entre eux concerne les désagréments, dommages ou risques que ces expériences (en particulier les expériences de laboratoire) peuvent faire subir aux sujets d'expériences. Dans de nombreux pays, les associations professionnelles de psychologues et les comités d'éthique nationaux ont promulgué des codes de conduite qui interdisent la réalisation d'expériences qui menacent «l'intégrité psychique» des sujets, quelle que soit la difficulté que l'on puisse avoir à définir précisément cette notion[2]. Ces recommandations s'accordent sur le fait que les protocoles expérimentaux ne devraient pas soumettre les sujets d'expérience à des conditions susceptibles d'altérer durablement leur équilibre affectif, leur estime de soi ou leur perception de la réalité – par exemple à travers l'exposition à des stimuli aversifs, la mise en échec systématique, ou l'incitation à accomplir des actes cruels. Les expériences de Milgram citées plus haut seraient sans aucun doute jugées inacceptables par les comités d'éthique qui évaluent aujourd'hui les protocoles de recherche en psychologie. Il reste que la limite entre les risques,

1. K. Popper, *Misère de l'historicisme*, *op. cit.*, p. 82.

2. Voir par exemple l'avis du comité d'éthique du CNRS (COMETS) du 23 février 2007: «Réflexions sur Éthique et sciences du comportement humain».

contraintes ou désagréments qu'il est acceptable ou non de faire subir à un sujet le temps d'une expérience n'est pas toujours facile à établir.

Un autre problème éthique, plus spécifique aux sciences humaines et sociales, concerne la tromperie des sujets quant aux buts de l'expérience. Nul ne peut être sujet d'une expérience à son insu, et les chercheurs sont requis d'obtenir des sujets qui s'y prêtent un consentement éclairé par une information préalable sur les buts de l'expérience et les risques qu'elle implique. Mais les chercheurs en sciences humaines et sociales ont fait valoir que certaines expérimentations exigeaient que le sujet ignore les véritables buts de l'expérimentateur. Ni Milgram, ni Rosenthal n'auraient pu obtenir leurs résultats si leurs sujets avaient connu la finalité véritable de l'expérience, car les êtres humains qui se savent observés d'un certain point de vue ont tendance à contrôler l'image qu'ils donnent d'eux-mêmes. Les codes de déontologie des chercheurs tranchent souvent ce dilemme en autorisant les expérimentateurs à mentir à la seule condition que les informations dissimulées ne soient pas de nature à influencer l'acceptation de participer, et qu'elles soient révélées au sujet à la fin de l'expérience. Cette difficulté éthique, comme la précédente, se pose toutefois aussi dans d'autres méthodes d'investigation que l'expérimentation (telle la méthode ethnographique des anthropologues, par exemple).

Un autre problème éthique ou politique soulevé par certaines expérimentations mentionnées plus haut est lié à la nécessité de comparer deux groupes (un groupe expérimental et un groupe contrôle) constitués de manière aléatoire et qui sont traités de manière inégale, pour obtenir des résultats concluants. Dans les expérimentations en économie du développement, par exemple, ceci suppose en particulier d'attribuer au hasard certaines ressources à un groupe d'individus ou de communautés (villages) et d'en exclure les autres. Cette inégalité de traitement se justifie là, comme en médecine, par le fait qu'elle est nécessaire à l'évaluation rigoureuse de l'efficacité d'une intervention (ou d'un traitement). Mais l'expérience d'*Oak School* citée plus haut permet néanmoins d'entrevoir les problèmes que cette inégalité de traitement peut causer. On peut en effet penser que les élèves qui n'étaient pas catégorisés comme des « démarreurs » ont subi un préjudice par rapport aux autres. Plus généralement, les problèmes posés par l'inégalité de traitement des sujets d'expérience sont aussi politiques : comme le remarquent Esther Duflo et Michael Kremer, la réalisation d'une expérience randomisée à grande échelle peut parfois poser des problèmes de justice sociale et être considérée comme politiquement inopportune, au moins en ceci qu'elle retarde nécessairement l'application d'une réforme à la population toute entière [1].

Outre ces difficultés morales et politiques, les expérimentations des sciences humaines et sociales se caractérisent enfin par un certain nombre de problèmes méthodologiques. En effet, lorsqu'elle implique des êtres humains observés par d'autres êtres humains, la situation expérimentale génère elle-même des effets qui sont susceptibles de biaiser ceux qui intéressent explicitement l'expérimentateur et d'être confondus avec eux. Le premier de ces problèmes concerne ce qu'on a coutume d'appeler l'« effet de l'expérimentateur » (connu aussi sous le nom d'« effet Pygmalion », effet « Clever Hans », ou « effet Rosenthal ») : contrairement aux objets physiques,

1. E. Duflo; M. Kremer, « Use of randomization in the Evaluation of Development Effectiveness », dans G. K. Pitman *et al.* (éd.), *Evaluating Development Effectiveness*, New Brunswick, Transaction, 2005, p. 205-232.

les êtres humains sont sensibles aux attentes et aux prédictions des chercheurs à leur égard et ont tendance à modifier leur comportement en accord avec ces attentes. R. Rosenthal, en particulier, a montré dans une série d'expériences particulièrement frappantes (dont l'expérience d'*Oak School*) que les attentes d'un individu peuvent se communiquer à un autre par des canaux qui peuvent parfois être extrêmement subtils, et sont ainsi susceptibles de devenir des prophéties auto-réalisatrices. Un second genre de problèmes relève de ce qu'on a l'habitude d'appeler l'effet *Hawthorne* (ou « effet du sujet ») : Elton Mayo s'est aperçu, au cours de ses expériences à l'usine de la *Western Electric Company*, que l'augmentation de productivité qu'il avait initialement attribuée aux modifications de l'éclairage provenait en réalité du fait que les ouvrières, se sachant observées, étaient plus motivées. Plus généralement, les sujets humains, du seul fait qu'ils se savent étudiés et qu'ils perçoivent l'écart de cette situation expérimentale par rapport à la normale, sont susceptibles de modifier leur comportement (par exemple, parce qu'ils sont flattés de l'attention qui leur est ainsi témoignée, qu'ils peuvent assimiler la situation expérimentale à une situation d'évaluation, qu'ils ont des hypothèses préalables sur ce qui intéresse les chercheurs ou leur déplaît, ou qu'ils se censurent, etc.). Un troisième ensemble de problèmes est lié à l'existence d'un biais de sélection qui fait que les sujets d'une expérience sont souvent plus complaisants que les êtres humains ordinaires. Le sujet d'une expérience de psychologie, par exemple, est nécessairement volontaire pour passer une expérience (il doit se déplacer au laboratoire), il espère donc en retirer un avantage personnel. Dans quelle mesure ce volontarisme des sujets d'expérience, en sélectionnant ces derniers, peut-il biaiser les résultats expérimentaux ? De nombreuses expériences de psychologie sociale (celles, en particulier, du psychologue viennois Martin T. Orne[1]), ont montré que les sujets d'expérience étaient souvent prêts à faire des choses inhabituelles, absurdes, déplaisantes ou fastidieuses, qu'ils n'accepteraient pas de faire dans une interaction humaine ordinaire. Pour ces mêmes raisons, les résultats de l'expérience de Milgram ont parfois été interprétés comme des artefacts expérimentaux s'expliquant par la docilité particulière des sujets d'expérience ou le caractère irréel de l'espace expérimental.

Il n'est donc pas toujours facile d'expérimenter dans les sciences humaines et sociales sans y modifier le comportement des sujets que l'on étudie. Mais tous ces problèmes méthodologiques, néanmoins, ne concernent pas seulement la méthode expérimentale : les approches plus « subjectives » ou « interprétatives » n'y sont pas moins sujettes. Si la plupart de ces interactions sont bien connues, c'est justement grâce à des expérimentateurs (tels que Rosenthal ou Orne) qui ont considéré qu'on pouvait, en étu-diant ces biais, mieux s'en prémunir. Par ailleurs, tous ces problèmes se posent aussi en médecine, où ils peuvent être neutralisés par des précautions méthodologiques spécifiques (essais en double aveugle contre placebo) – qui, il est vrai, n'ont pas toujours d'équivalent dans les sciences humaines. Quoiqu'il en soit, ces faits d'interaction entre sujet connaissant et sujet étudié ne semblent pas de nature à entraîner l'impossibilité d'une approche expérimentale des phénomènes humains et sociaux.

La vraie question qui se pose au sujet de ces expérimentations, concerne alors plutôt ce qu'elles nous

1. M. T. Orne, « On the social psychology of the psychological experiment », *The American Psychologist*, vol. 17, 11, 1962, p. 776-783.

apprennent sur la « vraie vie », soit ce qu'on appelle leur validité « externe » ou « écologique ». Dans certains cas, la transposition n'est guère problématique – en psychophysique par exemple, où les phénomènes étudiés sont relativement stables à travers les cultures et sont moins complexes. Dans d'autres cas, l'interprétation d'une expérience est plus délicate. Les enseignements des expériences d'aide au développement doivent être répliqués avant d'être généralisés à d'autres contextes. Certaines expériences de psychologie sociale, enfin, sont des objets curieux, exceptionnels, à mi-chemin, semble-t-il, de l'expérimentation et de l'étude de cas. L'expérience de Milgram nous permet-elle vraiment de comprendre les mécanismes qui sont en jeu dans l'holocauste ? Il est permis d'en douter. Milgram disait à ses sujets que les décharges électriques n'entraînaient pas de lésions permanentes – et le scientifique, en général, est supposé agir moralement : pouvait-on croire la même chose sous le régime nazi ? Les sujets de Milgram n'étaient pas brutaux et zélés, mais anxieux, et contrairement aux bourreaux, voyaient leur victime comme un pair : dans ces conditions, cette expérience est-elle vraiment interprétable ? Milgram disait qu'un avantage de l'expérimentation était justement de laisser de côté beaucoup de facteurs qui complexifient la vie sociale ordinaire. Dans quelle mesure peut-on vraiment recréer artificiellement en laboratoire des modèles des relations sociales réelles ? Concluons que l'extrapolation d'un résultat de la psychologie expérimentale à la vie réelle doit toujours se faire avec la plus grande prudence. Mais que cette irréalité des expérimentations ne les disqualifie pas nécessairement : elle ouvre sur le possible.

LA NEUTRALITÉ

Les sciences humaines et sociales doivent, pour être reconnues comme telles, se distinguer des autres discours (philosophiques, religieux ou idéologiques) ayant la prétention de dire ce qu'est l'homme et ce que sont les sociétés. Il leur faut en particulier montrer que leur objet propre ne leur interdit pas d'aspirer, comme les sciences de la nature, à produire des résultats scientifiquement *valides*. Par-delà les clivages entre paradigmes et courants théoriques, la neutralité axiologique est régulièrement mentionnée comme l'une des conditions de cette validité. Ce principe est invoqué pour définir la position du chercheur en sciences humaines vis-à-vis des *jugements de valeur*. Le linguiste ou le géographe, le sociologue ou l'économiste, le juriste ou le psychologue devraient décrire, expliquer et comprendre *ce qui est* indépendamment de toute évaluation, c'est-à-dire de tout jugement appréciatif (sur *ce qui est bon*), normatif (sur *ce qui devrait être*), ou prescriptif (sur *ce qu'il convient de faire*).

La neutralité axiologique est ainsi pensée comme une règle constitutive de *l'activité scientifique* : les sciences humaines sont par définition ces disciplines qui étudient l'homme en s'abstenant de tout jugement de valeur, pour se limiter aux jugements factuels. Mais ce principe est aussi conçu comme une règle pratique devant orienter les *usages de la science* par le chercheur : il vaut alors comme recommandation morale devant guider sa conduite lorsqu'il enseigne ou intervient publiquement en tant que savant. Cette double exigence de neutralité répond à l'une des plus sérieuses menaces pesant sur la prétention qu'ont les sciences humaines d'atteindre une forme de validité et de crédibilité équivalentes à celles des sciences de la nature. Cette menace résulte de ce que le chercheur appartient au même monde de valeurs que les hommes qu'il étudie, ou du moins, pour l'historien ou l'anthropologue, à un monde analogue : il peut donc être soupçonné, en amont, de déformer les faits à établir et, en aval, d'instrumentaliser les faits établis, en fonction de ses convictions personnelles. Mais pourquoi ce soupçon devrait-il obliger le savant à s'abstenir, en tant que chercheur et enseignant, de *tout* jugement axiologique ?

Le sens de la « neutralité axiologique » se trouve obscurci par l'indétermination certaine dont souffre cette expression, traduction contestée de la *Wertfreiheit* wébérienne[1]. Au sein d'un champ lexical qui fait également place à l'objectivité, à l'impartialité ou à l'indépendance, le terme de neutralité se distingue en ce qu'il renvoie moins à une qualité du jugement qu'à sa suspension : être neutre ne veut pas dire juger en se

1. Voir M. Weber, « Essai sur le sens de la "neutralité axiologique" dans les sciences sociologiques et économiques », *Essai sur la théorie de la science*, trad. fr. par J. Freund, Paris, Plon, (1917) 1965, p. 401-477 (désormais *ETS*). I. Kalinowski critique cette traduction de *Wertfreiheit* par J. Freund, préférant parler de « non-imposition de valeur ». Voir M. Weber, « La science, profession et vocation », trad. fr. par I. Kalinowski, Paris, Agone, (1919) 2005, p. 192 (désormais *SPV*). L'expression « neutralité axiologique » s'étant installée dans l'usage, l'essentiel reste de bien comprendre la signification de cette notion.

méfiant des biais de la subjectivité individuelle, en se prémunissant des partis-pris, ou en s'affranchissant des dépendances, mais plutôt *s'abstenir* de juger. Toutefois, l'expression « neutralité axiologique » n'indique pas exactement *ce qui* doit rester neutre, alors qu'il ne peut évidemment s'agir ni du jugement de valeur lui-même, qui peut sans doute être équitable mais non neutre, ni de l'esprit du chercheur, qui ne peut s'affranchir de toutes ses croyances morales ou politiques. Elle ne précise pas plus *en quoi* peut consister cette neutralité, si la suspension des jugements de valeur suppose l'indifférence des prémisses du raisonnement scientifique envers ces jugements ou l'indifférence des conclusions de ce raisonnement pour eux. Elle ne nous aide enfin guère à déterminer ce *par rapport à quoi* il doit y avoir neutralité, s'il faut écarter toute référence aux valeurs pour tracer la frontière avec les faits ou s'il faut distinguer, à cette fin, entre valeurs « scientifiques » et « extrascientifiques ».

Ces ambiguïtés relatives au *sujet*, au *contenu* et au *référent* de la neutralité n'autorisent pas pour autant à écarter l'idée selon laquelle l'étude scientifique de l'homme et de la société appelle une certaine suspension des jugements de valeur. L'ensemble des sciences humaines invoquent en effet une exigence de ce type et s'efforcent de la mettre en pratique. Elle est exprimée, plus ou moins explicitement, dans nombre de leurs écrits fondateurs, soucieux de préserver, en aval comme en amont du jugement sur les faits, l'intégrité de ce qui est. Elle distingue par exemple, aux yeux de Marc Bloch, la posture de l'historien de celle du juge, assurant ainsi la scientificité de la plus ancienne des sciences humaines :

> Quand le savant a observé et expliqué, sa tâche est finie. Au juge, il reste encore à rendre sa sentence. Imposant silence à tout penchant personnel, la prononce-t-il selon la loi ? Il

s'estimera impartial. Il le sera, en effet, au sens des juges. Non au sens des savants. Car on ne saurait condamner ou absoudre sans prendre parti pour une table des valeurs qui ne relève plus d'aucune science positive [1].

Elle caractérise encore, pour Vilfredo Pareto, la science économique, seule science sociale à atteindre, selon lui, un degré de certitude comparable à celui des sciences de la nature :

> La science [économique] est une science naturelle, comme la psychologie, la physiologie, la chimie, etc. Comme telle, elle n'a pas à donner de préceptes ; elle étudie d'abord les propriétés naturelles de certaines choses, et ensuite, elle résout des problèmes qui consistent à se demander : étant données certaines prémisses, quelles en seront les conséquences ? [2].

Elle est même requise, selon Sigmund Freud, par la psychanalyse, dont la scientificité est pourtant, parmi les sciences humaines, la plus fréquemment contestée :

> Qu'est-ce que cela fait que les résultats de l'interprétation du rêve vous apparaissent peu réjouissants, voire infamants et répugnants ? Ça n'empêche pas d'exister, ai-je entendu dire [...] à mon maître Charcot [...]. Il s'agit d'être humble, de laisser de côté ses sympathies et ses antipathies, quand on veut apprendre ce qui en ce monde est réel [3].

1. M. Bloch, *Apologie pour l'histoire ou Métier d'historien*, Paris, Armand Colin, (1949) 1997, p. 124-125.

2. V. Pareto, *Cours d'économie politique*, Genève, Droz, (1896) 1964, § 1, p. 2.

3. S. Freud, *Conférences d'introduction à la psychanalyse*, trad. fr. par F. Cambon, Paris, Gallimard, (1917) 1999, p. 187.

Le refus de juger les hommes, de prodiguer des conseils pratiques ou de se laisser guider par ses goûts dérive, chez des auteurs et en des domaines si divers, d'un même souci : assurer la *positivité* de la démarche scientifique, l'aptitude du savant à dire ce que sont les faits. Ce sont toutefois les implications précises de ce souci pour les jugements de valeur qu'il faut élucider, compte tenu des ambiguïtés soulignées plus haut. À quelle forme de neutralité les sciences humaines peuvent-elles et doivent-elles aspirer ?

LE PRINCIPE DE NEUTRALITÉ AXIOLOGIQUE

Il faut tout d'abord, pour préciser le sens du principe de neutralité, revenir à la formulation canonique qu'en a donnée Max Weber. Elle a exercé une influence considérable et elle permet de saisir plus clairement son statut et son contenu. En effet, la neutralité axiologique constitue pour Weber la réponse unique à deux interrogations distinctes : la question « purement *logique* » du « rôle que les évaluations jouent dans les disciplines empiriques telles que la sociologie et l'économie politique » et la question morale et politique de savoir s'il faut « se faire l'avocat d'évaluations pratiques dans une *leçon* »[1]. Le principe de neutralité doit donc d'abord constituer le savoir, puis en rendre possible la transmission légitime.

Constatation et évaluation

Le premier versant de la neutralité renvoie à une exigence « extrêmement triviale ». Il demande au savant de :

1. M. Weber, *ETS*, p. 412-413.

> faire *absolument la distinction* [...] entre la constatation de faits empiriques (y compris les comportement "évaluatifs" [*wertend*] des êtres humains subjectifs qu'on étudie) et *sa propre* prise de position évaluative qui *porte un jugement* [*beurteilen*] sur des faits (y compris les éventuelles "évaluations" des êtres empiriques qui deviennent l'objet de son étude), en tant qu'il les considère comme désirables ou désagréables et adopte en ce sens une attitude "appréciative" [*bewertende*][1].

Weber distingue donc entre deux manières de prendre position vis-à-vis de la réalité humaine et sociale : *constater* et *évaluer*. L'écart entre ces deux attitudes tient à « l'hétérogénéité de sens » qui sépare les questions théoriques des questions pratiques, dont la confusion risque de miner les fondements mêmes de l'enquête. Toutefois, en demandant au savant de ne pas faire intervenir « *sa propre* prise de position évaluative », Weber ne lui interdit pas de prendre pour « objet de son étude » les jugements de valeur des hommes, ainsi que les valeurs existant dans la société : bien au contraire, ce sont là autant de *faits* qu'il faut expliquer et comprendre pour saisir la signification des phénomènes sociaux. Le principe de neutralité n'exige pas non plus d'écarter tout usage des valeurs : au contraire, les faits à étudier sont ceux qui *méritent d'être connus* par une enquête qui se laisse guider dans le choix de son objet par un certain « rapport aux valeurs »[2]. L'enquête qui en résulte ne doit pas moins se régler sur le principe de

1. M. Weber, *ETS*, p. 416-417.

2. M. Weber, « L'objectivité de la connaissance dans les sciences et la politique sociales » (1904), dans *ETS*; cf. H. Rickert, *Les problèmes de la philosophie de l'histoire. Une introduction*, 3e éd, trad. fr. par B. Hébert, Toulouse, Presses Universitaire du Mirail, (1924) 1997.

neutralité. En effet, les « problèmes de valeur » ne donnent lieu aux « *problématiques* » proprement scientifiques que pour autant que le savant sort des « discussions évaluatives »[1], pour étudier la réalité sociale et les jugements qui s'y expriment. Ainsi, si le « progrès » moderne est manifestement un problème pratique qui mérite en tant que tel de faire l'objet d'enquêtes scientifiques, celles-ci doivent néanmoins soigneusement distinguer un emploi « axiologiquement neutre » de ce terme, qui se réfère à « une simple "progression" par différentiation », d'autres usages qui font intervenir subrepticement des évaluations extrascientifiques, en renvoyant par exemple à « une intensification croissante de la *valeur* »[2] de ce qui évolue.

C'est au prix de telles précautions que la sociologie peut éviter l'inféodation aux valeurs politiques et morales. Le principe de neutralité formulé par Weber sert donc d'abord à établir la hiérarchie entre théorie et pratique, où les sciences humaines doivent trouver leur identité propre : il est en tant que tel constitutif de leur scientificité.

Enseignement et propagande

Le second versant de la neutralité renvoie quant à lui aux *devoirs* du savant en tant que professeur : il s'agit d'exclure les jugements de valeur de l'enseignement. Mais pourquoi l'enseignant doit-il s'interdire de professer des évaluations, comme le font les « prophètes de la chaire » dénoncés par Weber? Si le premier versant du principe se justifie pour des raisons épistémologiques, en tant que condition nécessaire

1. *ETS*, p. 433.
2. *Ibid.*, p. 455.

à l'établissement des faits, cet autre versant, parce qu'il formule quelque chose d'analogue à une « loi morale »[1], repose tout d'abord sur des raisons pratiques. La « probité intellectuelle », vertu cardinale du savant pour Weber, exige qu'il rende manifeste, dans son discours oral et public, « l'hétérogénéité absolue »[2] entre l'ordre des faits et l'ordre des valeurs : il doit ainsi éviter d'entretenir l'illusion que le savoir théorique puisse fonder le choix entre des conduites de vie incompatibles. Cette séparation radicale entre faits et valeurs induit deux tâches supplémentaires, qui définissent ce que Weber consent à nommer l'« œuvre morale » de la science[3]. D'une part, le professeur doit, tout en suspendant ses propres évaluations, dévoiler les faits qui « *dérangent* » les partis pris de son auditoire, le forçant ainsi à mettre ses fins à l'épreuve de la réalité ; d'autre part, il doit « *clarifier* » les présupposés et les implications des évaluations : en explicitant notamment la « vision du monde fondamentale » qu'une prise de position pratique présuppose, il peut et doit « contraindre l'individu, ou du moins l'aider, à *regarder en face le sens ultime de son action* »[4]. Ce faisant, le professeur cultive le sentiment de responsabilité chez ceux qui l'écoutent, au lieu de faire œuvre de *propagande* dans un contexte où il ne s'expose à aucune contradiction. C'est alors par d'autres moyens (la presse, les revues, l'essai littéraire) et dans d'autres lieux (les associations, les églises, la rue), où la confrontation devient possible, que le savant « peut (et doit) » participer à

1. *ETS*, p. 413.
2. *Ibid.*, p. 431.
3. *SPV*, p. 43.
4. *Ibid.*, p. 50.

l'échange conflictuel de jugements de valeur, comme « n'importe quel autre citoyen »[1].

Toutefois, derrière ces raisons pratiques, dont Weber admet qu'elles peuvent ne pas être partagées, se tient une raison théorique : si on ne *doit* pas professer des jugements de valeur c'est qu'on ne *peut* pas en formuler qui soient scientifiquement fondées. Ainsi, même si l'on soutient qu'il est *moralement* légitime d'exprimer des jugements de valeur, tout savant doit admettre que ces derniers sont ultimement arbitraires. C'est que « l'impossibilité de soutenir "scientifiquement" des prises de position pratiques »[2] se justifie, pour Weber, scientifiquement. En effet, le hiatus insurmontable entre les faits, objets de jugements scientifiques, et les valeurs, objets de jugements ultimement arbitraires, n'est pas un constat de l'expérience disponible à toute époque : il s'agit plutôt de la « donnée inéluctable de notre situation historique », telle que Weber la reconstruit au prisme de sa sociologie des religions; le destin des sociétés européennes modernes est d'avoir brisé la vision axiologique unitaire, propres aux religions du salut et à la métaphysique du passé, et d'avoir ainsi engendré une science *spécialisée*, uniquement consacrée à la connaissance des faits, à laquelle fait désormais face la liberté *absolue* d'individus qui, au sein de la « lutte éternelle des dieux », doivent « *se décider* en faveur de l'un ou de l'autre »[3]. À la différence du « rationalisme grandiose »[4] des prophètes et des philosophes du passé, la rationalité désenchantée du sociologue serait ainsi incapable de

1. *ETS*, p. 407.
2. *SPV*, p. 43
3. *Ibid.*, p. 50-51.
4. *Ibid.*, p. 45.

hiérarchiser les valeurs : elle ne pourrait qu'en révéler l'antagonisme irréductible.

La formulation wébérienne du principe de neutralité axiologique présuppose donc deux idées essentielles :

1) constater et évaluer sont des activités séparées qu'il convient de ne pas confondre ;

2) les jugements de valeur ne peuvent pas être fondés scientifiquement.

Afin d'établir si la pratique des sciences humaines *peut* et *doit* être axiologiquement neutre il faut par conséquent affronter deux interrogations :

1) est-il possible d'établir les faits en suspendant tout jugement de valeur ?

2) est-il impossible pour le savoir ainsi constitué de fonder les jugements de valeur ?

ÉTABLIR LES FAITS SANS JUGEMENTS DE VALEUR ?

L'ambition positive des sciences humaines

S'il est parfois difficile de vérifier qu'une description donnée ne contient pas d'éléments évaluatifs, l'effort pour maintenir séparés constatation et évaluation se trouve encouragé par une expérience commune de la pratique scientifique : il est fréquent de comprendre *a posteriori* comment des considérations évaluatives ont biaisé le travail descriptif et empêché l'établissement valide des faits.

Ainsi, l'opprobre moral pesant sur des pratiques sexuelles telles que la masturbation, l'homosexualité ou le fétichisme explique, selon Freud, la réticence injustifiée qui empêcha longtemps médecins et psychologues d'étendre le concept de sexualité à des pratiques non reproductives ou non génitales, en dépit des continuités observées entre la forme « normale » d'activité sexuelle et ses formes alors dites « perverses ». Loin d'être purement terminologique, le biais introduit par le désir de séparer le monstrueux du normal touche à la *construction des définitions* et à la *délimitation des phénomènes*. Parce que « les perversions sexuelles sont frappées d'une prohibition tout à fait particulière qui empiète sur la théorie et fait également obstacle à leur appréciation scientifique »[1], c'est la compréhension de la sexualité toute entière qui se trouve entravée, à commencer par la sexualité enfantine, préalable à la sexualité génitale. De même, Bloch estime que l'erreur de l'historien qui prétend évaluer, à la lumière d'idéaux actuels, les actes de Sylla ou de Robespierre, et qui s'érige par là en juge, n'est pas simplement d'élever au rang de critère transhistorique de jugement des valeurs particulières ne dérivant pas du travail historique lui-même, mais de mobiliser des catégories évaluatives qui *font obstacle* à l'identification et à la construction des catégories descriptives pertinentes. Il se comporte « comme un chimiste qui mettrait à part les méchants gaz, comme le chlore, les bons, comme l'oxygène. Mais si la chimie à ses débuts avait adopté ce classement, elle aurait fortement risqué de s'y enliser, au grand détriment de la connaissance des corps »[2]. La description des faits sociaux ne doit pas plus que celle des faits naturels dépendre du point de vue moral du chercheur. L'objet propre des sciences humaines n'induirait, *de ce point de vue*, aucune spécificité méthodologique par rapport aux sciences naturelles.

1. S. Freud, *Conférences d'introduction à la psychanalyse*, *op. cit.*, p. 409.
2. M. Bloch, *Apologie pour l'histoire*, *op. cit.*, p. 126.

Cette conviction nourrit le projet positiviste d'« épurer » les sciences humaines et sociales de toute considération allogène au domaine factuel chaque fois considéré : création d'une « économie politique pure », qui décrive les phénomènes et les lois, les effets et les causes, sans s'appuyer sur des principes a priori ni produire de « dissertations poético-éthiques »[1], chez Vilfredo Pareto ou invention d'une « théorie pure du droit », qui « se propose uniquement et exclusivement [...] d'établir ce qu'est le droit et comment il est » et « en aucune façon de dire comment le droit devrait ou doit être ou être fait »[2], chez Hans Kelsen.

Identifier des erreurs corrigeables ne suffit pas toutefois à assurer l'ambition positive des sciences humaines : quatre objections s'opposent à l'idée que l'établissement des faits puisse être *entièrement* protégé contre l'influence des jugements de valeur.

La neutralité hors de portée ?

La neutralité axiologique serait hors de portée de la pratique des sciences humaines, car 1) leurs critères de validité, 2) leurs finalités, 3) le choix de leurs objets, ou 4) leurs résultats seraient *inséparables* de jugements de valeur.

(1) Les faits ne sont pas des données brutes de l'expérience. Les multiples jugements qu'implique leur établissement, relevant de la construction théorique comme de la vérification empirique, doivent s'appuyer sur des critères tels que la cohérence, la simplicité, l'efficacité

1. V. Pareto, *Cours d'économie politique*, *op. cit.*, p. 14.

2. H. Kelsen, *Théorie pure du droit*, trad. fr. par C. Eisenmann, Paris, Dalloz, (1934) 1962, p. 1.

prédictive voire l'élégance des descriptions et des explications privilégiées[1]. Or, le choix de ces critères implique bel et bien des jugements de valeur. Dire qu'une explication doit être préférée à une autre car elle est plus simple et cohérente revient d'une part à évaluer positivement la simplicité et la cohérence (par rapport à d'autres critères de validité possibles), et ensuite à évaluer positivement cette explication (par rapport à d'autres possibles) au regard de ces critères. Il est pourtant abusif d'en conclure que l'établissement des faits dépend des partis pris axiologiques *du chercheur.* La sélection des critères de validité pour les propositions scientifiques est en effet une condition de l'activité scientifique, sur laquelle existe un consensus suffisant. Si certains d'entre eux peuvent faire l'objet de controverses entre pairs, leur choix n'est pas abandonné au caprice discrétionnaire de l'enquêteur. Par conséquent, loin d'entraver l'établissement des faits, ces critères *rendent possible* l'enquête scientifique : il s'agit de « valeurs épistémiques » qu'il faut nettement distinguer des autres valeurs, extrascientifiques, qui ne constituent pas des critères de validité des propositions descriptives.

(2) Il est par ailleurs certain que toute assignation d'une finalité à la science implique un jugement de valeur – y compris si l'on affirme qu'elle ne doit servir *qu'*à satisfaire le goût pour la vérité et *à rien d'autre*. Cela est particulièrement évident pour les sciences humaines, s'il est vrai que leur pratique est souvent motivée par des considérations morales ou politiques. Ainsi, si la psychanalyse se refuse à diriger « les affaires de la vie », n'encourageant pas plus la conformité que la déviance par rapport aux mœurs, Freud admet néanmoins

1. H. Putnam, *Raison, Vérité, Histoire*, Paris, Minuit, 1984.

qu'elle vise à exercer une certaine influence sur le patient: « notre vœu le plus cher est de parvenir à ce que le malade prenne ses décisions de manière autonome »[1]. Même la science économique de Pareto, qui ne prétend évidemment jouer aucun rôle thérapeutique, fait fond sur une question première, qui exprime bien un projet politique : « Quelles sont les conditions qui assurent le maximum de bien-être matériel au plus grand nombre d'hommes ? »[2]. Quant à l'histoire, Bloch juge certes qu'il lui suffit pour être intellectuellement légitime, « dût-elle être éternellement indifférente à l'*homo faber ou politicus* [...], d'être reconnue comme nécessaire au plein épanouissement de l'*homo sapiens* » ; mais il ne lui en attribue pas moins une utilité pratique, sans laquelle elle nous paraîtrait « incomplète » comme science: en réfutant notamment les interprétations erronées du passé qui fondent les propositions de réforme du présent, elle « nous aid[e] à mieux vivre »[3]. Promotion de l'autonomie individuelle, maximisation du bien-être collectif ou critique des raisons historiques avancées pour l'action: ce sont des valeurs qui motivent l'activité scientifique. Mais il faut les dissocier de la *finalité interne* qui guide la pratique scientifique: si le psychanalyste, l'économiste ou l'historien cherchent à promouvoir leurs valeurs respectives, c'est toujours à travers un travail orienté par la recherche de la vérité, à partir de résultats dont la validité ne dépend en rien de ces valeurs.

(3) À la différence de la sélection des critères de validité, *le choix de l'objet* étudié incombe bien au chercheur; il

1. S. Freud, *Conférences d'introduction à la psychanalyse*, *op. cit.*, p. 550.
2. V. Pareto, *Cours d'économie politique*, *op. cit.*, p. 2.
3. M. Bloch, *Apologie pour l'histoire*, *op. cit.*, p. 41.

détermine étroitement sa pratique contrairement à l'assignation de finalités pratiques à la science. Mais ce choix condamne-t-il le chercheur à servir un engagement partisan? L'instrumentalisation fréquente des enquêtes, mises au service de causes non scientifiques, est ainsi invoquée pour affirmer qu'une visée pratique les orientait dès le départ. « Le savant ne peut jamais échapper à la nécessité de porter des jugements de valeur qui lui soient propres » juge Murray Rothbard, car un « économiste qui conseille le public sur la meilleure manière de tendre à l'égalité des revenus assume pour lui-même l'objectif égalitariste » : il se trouve dans la même situation qu'un « individu qui [...] conseillerait une bande de délinquants sur la meilleure façon de forcer un coffre »[1]. Il accepte de facto le « système » soutenant cet objectif, souligne Rothbard, car s'il s'y opposait, « son devoir » serait plutôt de ne pas servir ainsi cet objectif. Il y a toutefois une différence nette entre conseiller le public ou l'État sur un sujet et l'étudier. Celui qui choisit un objet d'étude peut certes anticiper par là l'usage qui pourra être fait des résultats, mais il ne peut anticiper ces derniers, ni leur impact sur le but politique auquel il peut adhérer. En outre, un choix d'objet peut être congruent avec une conviction morale ou politique sans en découler. Mais surtout, il peut en découler sans que cette origine détermine pour autant la description de l'objet : choisir d'étudier la criminalité *ou* les inégalités (ou de les étudier sous un certain angle) pour des motifs politiques ne revient pas à fonder la *validité* de leur caractérisation factuelle

1. M. Rothbard, « Les oripeaux de la science » (1960), trad. fr. par F. Guillaumat, dans *Économistes et charlatans*, Paris, Les Belles Lettres, 1991, p. 33.

sur ces motifs. Cette distinction logique doit être préservée, même si elle ne saurait en elle-même éviter de telles dérives. L'analyse wébérienne du « rapport aux valeurs » vise précisément à montrer comment les jugements de valeur des agents peuvent soutenir la constitution d'une problématique proprement scientifique sans l'abandonner à l'arbitraire des partis pris axiologiques du chercheur.

(4) La dernière version de la critique de la neutralité n'accuse pas les sciences humaines de *présupposer* des jugements de valeur mais d'en *produire*. Selon Raymond Aron, si la validité de la distinction « entre l'étude des valeurs affirmées ou réalisées par les hommes, objet de la science, et les jugements de valeur portés par les savants [...] n'entraîne pas la neutralité de la science », c'est parce que les *résultats* de celle-ci ne peuvent pas être *neutres* : la science politique ne peut en effet que s'intéresser au « rapport entre les valeurs affirmées et les valeurs effectivement réalisées par les hommes » [1], qui participe de la réalité sociale. Aron juge ainsi que l'« on ne comprend pas le régime de Staline si l'on fait abstraction de [...] la violation de la légalité socialiste [...] ; on ne [le] comprend pas à moins de le comprendre comme despotique » [2]. Cela ne suffit pourtant pas à saper l'exigence de neutralité axiologique. On ne peut certes pas comprendre un régime dont les pratiques contredisent les discours et idéaux si l'on ne saisit pas cet écart des unes aux autres, mais affirmer qu'on ne comprend pas *scientifiquement* le régime stalinien si on ne le comprend pas comme « despotique » est plus ambigu.

1. R. Aron, « À propos de la théorie politique », *Revue française de science politique*, 12(1), 1962, p. 22.

2. *Ibid.*

Si cette thèse signifie qu'on ne le comprend pas si on ne voit pas qu'il apparaît, *jugé à la lumière* des valeurs mêmes qu'il professe, comme despotique, alors elle ne contredit en rien le principe wébérien. Si elle signifie plutôt que le chercheur ne comprend ce régime que s'il le juge *lui-même* despotique, elle est contestable. Comparer les régimes en appréciant leur attitude à l'aune de leurs valeurs n'exige ni de trancher entre elles ni de reconnaître la supériorité de ceux qui réalisent mieux que les autres leurs idéaux, même si cela peut y conduire. En affirmant que « le sociologue s'efforce d'être scientifique non par la neutralité mais par l'équité »[1], Aron veut certes proposer une alternative à la suspension des jugements de valeurs : « la seule impartialité authentique consiste à considérer les divers aspects d'un régime, à ne pas choisir arbitrairement les faits, à ne pas juger l'ensemble d'un régime d'après quelques-uns de ses mérites ou démérites »[2]. La recherche d'équité ne saurait pourtant être réalisée à travers une exigence d'exhaustivité, aucune description ne pouvant englober *l'intégralité* de l'objet singulier étudié. Puisque la solution, pour sélectionner les traits pertinents, ne peut être de tous les sélectionner, il faut plutôt écarter les critères de sélection qui sont inappropriés – c'est justement le cas des jugements personnels fondés sur des valeurs non épistémiques. Il est certainement utile pour cela de « tirer au clair [les jugements de valeur], diffus et implicites, de son milieu et autant que possible, [de] préciser les siens propres »[3], comme le suggère Aron, voire de les expliciter pour mieux prévenir les

1. *Ibid.*, p. 19.
2. R. Aron, « À propos de la science politique », *op. cit.*, p. 21-22.
3. R. Aron, « Science et conscience de la société », *op. cit.*, p. 19.

soupçons de partialité chez ses pairs ou ses lecteurs, mais cela ne dispense pas d'« éviter » de porter de tels jugements *au moment* de l'établissement des faits. Pour être « équitable », l'analyse doit être neutre axiologiquement.

Une exigence étroitement délimitée

Si les critiques adressées au premier versant du principe wébérien se trouvent facilitées par sa triple indétermination, elles peuvent donc être écartées au prix d'un travail d'élucidation du sujet (1), du contenu (2) et du référent (3) de la neutralité axiologique. Celle-ci exige simplement que *les opérations présidant à l'établissement des faits* (1) – tels le choix des concepts, la construction des hypothèses et des modèles théoriques, l'observation et la vérification empiriques – *ne soient en rien influencées* (2) par *des jugements personnels du scientifique se fondant sur des valeurs qui ne sont pas des critères scientifiques admis de validité* (3). Elle ne requiert donc du chercheur ni qu'il se déprenne de ses convictions morales ni qu'il refuse d'assigner toute finalité morale et politique à son travail ; elle ne demande aux sciences humaines ni de renoncer aux valeurs épistémiques qui les constituent, ni de s'abstenir de tout constat qui risque d'être ensuite utilisé dans les controverses publiques engageant des valeurs non épistémiques.

Il est donc manifeste que les critiques et les éloges adressés à la neutralité axiologique, perçue comme un « commandement routinisé du catéchisme sociologique »[1], visent souvent tout autre chose que le principe ainsi délimité. Le caractère

1. P. Bourdieu, J.-C. Chamboredon et J.-C. Passeron, *Le métier de sociologue. Préalables épistémologiques*, Paris, 4e éd., (1968) 1984, p. 61.

constitutif – et « extrêmement trivial » – de l'exigence qu'il formule pour les sciences humaines n'est pas contestable ; et il n'est pas de raison de penser que son application soit hors de portée. Mais cela ne règle pas la difficulté que soulève le second présupposé du principe wébérien.

FONDER LES JUGEMENTS DE VALEUR SUR LE SAVOIR SCIENTIFIQUE ?

Critiques philosophiques et sociologiques

Si les sciences humaines et sociales doivent, pour Weber, écarter les jugements de valeur et être axiologiquement neutres, c'est, nous l'avons vu, parce qu'elles ne peuvent pas nous indiquer « ce que nous devons faire et comment nous devons vivre »[1], mais seulement exposer le conflit des valeurs que seul l'individu peut et doit résoudre par sa libre décision. Or, le savoir ainsi constitué paraît non seulement avoir renoncé à résoudre les problèmes moraux et politiques mais remettre en cause l'idée même de *jugement* de valeur : extérieurs à la science, adossés à un choix ultime dépourvu de raisons, les jugements axiologiques semblent tout aussi arbitraires que des préférences subjectives. Si Weber admet qu'une « philosophie des valeurs » pourrait montrer dans quelle mesure les « évaluations pratiques, en particulier celles d'ordre éthique, peuvent prétendre à une dignité *normative* » irréductible aux « jugements subjectifs…du goût »[2], il ne paraît pas moins priver cette distinction de tout fondement.

1. *SPV*, p. 36.
2. *ETS*, p. 418.

Les jugements de valeur peuvent-ils être fondés ? C'est à cette question qu'ont essayé de répondre les philosophes dans leurs critiques de la neutralité axiologique wébérienne. Tirant profit de la distinction entre philosophie normative et sociologie descriptive, ils ont ainsi remis en cause les prémisses *philosophiques* de la sociologie de Weber, afin de corriger les conséquences qu'il en tirait. La source de la difficulté tenant au partage entre rationalité scientifique et liberté individuelle, la solution a été cherchée dans une forme *non* scientifique de rationalité capable de sauver les choix ultimes de l'arbitraire. C'est ainsi que, par exemple, les auteurs ayant participé à la « renaissance de la philosophie pratique », tel Leo Strauss, ont essayé de redonner vie au discours spécifique de la philosophie politique antique, s'inspirant de Platon et d'Aristote : dans la rationalité *dialectique* du philosophe ils ont cherché la source d'une *sagesse pratique* à même de découvrir les finalités naturelles de l'homme, fondement objectif des jugements de valeur [1]. La « nouvelle théorie critique » d'inspiration kantienne a en revanche redéfini les conditions des discussions évaluatives : selon des théoriciens comme Jürgen Habermas, c'est dans la rationalité *dialogique* des acteurs eux-mêmes que peuvent être trouvées des *normes* universelles capables de fonder une entente rationnelle sur les évaluations pratiques [2]. Ces perspectives philosophiques, pourtant très différentes, ont donc cherché les moyens d'atteindre des *vérités morales* à la fois indépendantes de la science empirique et soustraites à l'arbitraire individuel, afin de mettre un terme au conflit de

1. L. Strauss, *Droit naturel et histoire*, trad. fr. par M. Nathan, E. de Dampierre, Paris, Flammarion, 1986.

2. J. Habermas, *De l'éthique de la discussion*, trad. fr. par M. Hunyadi, Paris, Le Cerf, (1991) 1992.

valeurs censé caractériser les sociétés modernes. Elles ont ainsi souscrit, plus ou moins explicitement, à la description que Weber a donnée de ces dernières.

Une voie alternative consiste à récuser une telle description, en remettant en cause les prémisses *sociologiques* du raisonnement wébérien. Il est, en effet, loin d'être sûr que l'antagonisme des valeurs décrit par Weber soit aussi irréductible qu'il l'affirme ; il présuppose, au contraire, une conception unitaire du monde qui le rend possible, celle qui valorise à la fois la science, dans le contexte théorique, et la liberté individuelle, dans le contexte pratique. C'est ainsi que nombre de sociologues, tel Louis Dumont, ont pu affirmer que l'identité des sociétés modernes ne se résume pas au passage de la hiérarchie au conflit, puisqu'elle implique au contraire le passage à une *nouvelle hiérarchie de valeurs*[1]. Ce point est décisif, car en l'absence d'une telle hiérarchie, les valeurs au fondement de la pratique scientifique, notamment le respect de l'autonomie du sujet qui est au cœur du second versant du principe de neutralité, ne peuvent pas être rationalisés, se réduisant, par conséquent, à des prises de position arbitraires. Les sciences humaines et sociales prétendant à la neutralité axiologique s'exposent alors aux critiques qui dénoncent leur parti pris *idéologique* (bourgeois) et opposent à leur prétendu positivisme un autre type de savoir assumant plus explicitement son fondement pratique, comme l'a fait le néo-marxisme de la première théorie critique d'Horkheimer et Adorno[2].

1. L. Dumont, *Essais sur l'individualisme*, Paris, Seuil, 1983.

2. Voir T. Adorno, H. Albert, R. Dahrendorf, J. Habermas, H. Pilot, K. Popper (éd.), *De Vienne à Francfort. La querelle allemande des sciences sociales*, Bruxelles, Complexe, (1969) 1979.

Si Weber a raison de souligner que l'existence d'une science *spécialisée* fait partie de « notre situation historique », dont « nous ne pouvons nous extraire » sans « nous trahir nous-mêmes »[1], la science *sociale* ne peut se borner à souscrire de manière acritique aux présupposés axiologiques hérités des Lumières. C'est une chose de dire qu'en tant que science elle participe inévitablement du monde moderne dans certains de ses présupposés, c'en est une autre de dire qu'elle ne peut transcender l'image que les sociétés modernes ont d'elles-mêmes. En adoptant une démarche plus critique, les sciences humaines et sociales peuvent essayer de fonder les jugements de valeur.

La double nature des jugements de valeur

Émile Durkheim s'engage dans une telle démarche lorsqu'il cherche à montrer que sa sociologie peut contribuer à résoudre le « problème philosophique » des jugements de valeur, et à « dissiper » du même coup « certains préjugés dont la sociologie, dite positive, est trop souvent l'objet »[2]. Or, la question centrale posée par Durkheim touche directement le deuxième présupposé wébérien : il s'agit en effet de savoir si les jugements de valeur sont « une autre forme des jugements de réalité », selon le réalisme naturaliste défendu à l'époque par les utilitaristes, ou si, au contraire, une « hétérogénéité… radicale »[3] sépare ces deux types de jugements, selon

1. *SPV*, p. 51.

2. É. Durkheim, « Jugements de valeur et jugements de réalité », *Sociologie et philosophie* (désormais *SP*), Paris, P.U.F., (1924) 2004, p. 117.

3. *Ibid.*, p. 128.

l'idéalisme antinaturaliste d'inspiration kantienne qui avait influencé aussi la sociologie wébérienne.

La contradiction entre ces deux perspectives est due à la nature double des jugements de valeur, que Durkheim analyse, avant de l'expliquer. Ainsi, alors que Weber tend à nommer «jugement de valeur» toute sorte d'évaluation, Durkheim souligne d'emblée la différence de nature entre de véritables jugements de valeur et de simples *expressions de préférence*. Celles-ci ne sont des jugements de valeur qu'en apparence: si un individu dit « Je préfère X à Y », il ne décrit pas l'objet de sa préférence, il fait état de l'un de ses désirs à l'égard d'un certain « objet » du monde. En ce sens, les expressions de préférence sont « de simples jugements de réalité. Ils disent uniquement de quelle façon nous nous comportons vis-à-vis de certains objets », sans « attribuer aux choses une valeur qui leur appartienne » ; parce que les préférences « tiennent à leurs personnes »[1], les sujets qui les expriment sont donc autorisés à ne pas se justifier davantage. Tout au contraire, si l'individu dit « X vaut plus que Y », il évalue les propriétés de deux objets à l'aune d'une valeur prise comme critère : il s'agit précisément d'un jugement, qu'il peut et doit alors essayer de valider par des « raisons d'ordre impersonnel »[2]. La difficulté propre aux jugements de valeur tient ainsi à leur nature apparemment contradictoire : d'une part ils se différencient des constatations faites par des jugements de réalité, parce qu'ils supposent « l'appréciation d'un sujet » ; de l'autre, ils ne se réduisent pas

1. *SP*, p. 118.
2. *SP*, p. 119.

à des expressions de préférence, parce qu'ils prétendent avoir une certaine « objectivité »[1].

Les perspectives philosophiques essayent, selon Durkheim, de résoudre la contradiction inhérente aux jugements de valeur en se cantonnant dans l'un des cornes du dilemme : les uns réduisent les jugements de valeur à des jugements de réalité, les autres soulignent en revanche la différence de nature entre les deux. Ce faisant, elles se révèlent également incapables de rendre compte de l'idée même de jugement de valeur. Au-delà des problèmes qui tiennent à ses présupposés spécifiques, l'utilitarisme rencontre la difficulté propre à toute forme de réalisme : il suppose que « la valeur est dans les choses »[2] et que, par conséquent, les jugements de valeur peuvent être fondés sur des jugements factuels constatant les propriétés des objets. À l'encontre de cette thèse, les philosophes citent souvent la mise en garde formulée par David Hume contre la confusion des modes de justification des jugements, lorsqu'il souligne qu'une affirmation contenant un « doit » ou un « ne doit pas » ne peut pas être *déduite* d'une proposition contenant un « est » ou un « n'est pas »[3]. Mais, pour le sociologue Durkheim, la thèse d'après laquelle la valeur d'une chose peut être dérivée de ses propriétés réelles est moins logiquement erronée que « contraire aux faits » : dans « nombre de cas », estime-t-il, il n'y a « aucun rapport entre les propriétés de l'objet et de la valeur qui lui est attribuée »[4]. Dans les religions primitives, l'idole a une valeur

1. *SP*, p. 119.
2. *SP*, p. 126.
3. D. Hume, *Traité de la nature humaine*, trad. fr. par P. Saltel, Paris, Flammarion, III, I, I, (1739) 1993, p. 65.
4. É. Durkheim, *SP*, p. 126.

sacrée, alors qu'elle peut être dépourvue, tel un bout de bois, de toute propriété capable de l'expliquer; dans la morale moderne, l'homme a une dignité morale incomparable à celle de l'animal, alors qu'il n'y a que des différences de degré entre les deux; enfin on revendique d'autant plus l'égalité entre les hommes que leurs inégalités factuelles sont plus marquées. C'est sur cet écart entre réalité et valeur que fait fond l'idéalisme : accordant à l'homme la faculté de poser des idéaux, cette perspective estime que les jugements de valeur trouvent leur objectivité dans le rapport entre des idéaux donnés à l'esprit et la réalité extérieure simplement donnée. Or, selon Durkheim, si la position des idéaux semble pouvoir rendre compte des jugements de valeur, elle « ne s'explique pas elle-même » :

> Pour comprendre comment des jugements de valeur sont possibles, il ne suffit pas de postuler un certain nombre d'idéaux; il faut en rendre compte, il faut faire voir d'où ils viennent, comment ils se relient à l'expérience tout en la dépassant et en quoi consiste leur objectivité [1].

Ainsi, en affirmant une hétérogénéité radicale entre réel et idéal, l'idéalisme se prive de la possibilité de répondre à la question de la *genèse* des jugements de valeur et à celle, indissociable, de leurs conditions de *validité*.

Le fondement sociologique des jugements de valeur

Pour sortir de la contradiction des jugements de valeur il faut, selon Durkheim, se donner un *monde enrichi* : si les évaluations dépendent des appréciations d'un sujet tout en

1. *SP*, p. 132.

étant objectives, c'est que nous pouvons « surajouter au monde sensible un monde différent »[1]. Cet autre monde n'est rien d'autre que la société elle-même, pour autant qu'elle n'est pas seulement « un système d'organes » qui organise sa survie en évaluant les *effets bénéfiques* des choses mais le « foyer d'une vie morale interne »[2], où des *biens impératifs* sont posés qui exigent d'être poursuivis et respectés par eux-mêmes. La genèse et la validité des jugements de valeur tiendrait ainsi à l'écart que la société creuse entre le point de vue personnel de l'individu, lié à ses préférences spontanées, et le point de vue impersonnel institué par la société, donnant accès à une « échelle de valeurs [...] soustraite aux appréciations subjectives » : le « jugement social » exprimé par un individu est bien « objectif par rapport aux jugements individuels »[3], parce qu'il se fonde sur une « raison commune » qui diffère par sa nature et son contenu de la « raison individuelle ». Si à cette dernière appartient tout ce que l'individu peut éprouver par lui-même, sur la base de son expérience personnelle, la raison commune est en revanche faite de tout ce dont l'individu n'aurait même pas l'idée sans une existence en commun avec d'autres, à commencer par les *concepts* qui lui permettent de penser et agir d'une manière compréhensible par les autres. Mais quel est le rôle de la sociologie, si la raison commune est accessible à tout individu qui prétend exprimer un jugement de valeur objectif? Il tient à la différence qui sépare malgré tout les jugements factuels et les jugements axiologiques.

1. *SP*, p. 129.
2. *SP*, p. 132.
3. *SP*, p. 122.

S'il n'y a pas, selon Durkheim, de « différences de nature » entre ces deux types de jugement, il n'existe pas moins une distinction entre « concepts » et « idéaux » : la fonction des premiers, utilisés dans les jugements factuels, est « uniquement d'exprimer les réalités auxquelles ils s'appliquent » ; en revanche, les idéaux qu'on mobilise dans des jugements axiologiques ont pour fonction de « transfigurer les réalités auxquelles ils sont rapportés »[1]. Cette perspective sociologique ne remet donc pas en cause la distinction entre constater et évaluer ; au contraire, elle permet de la repenser et de rejeter ainsi la critique philosophique de la dichotomie entre faits et valeurs. En effet, si Putnam a raison de faire valoir que dans l'usage des termes « épais » du langage ordinaire, tels « cruel » ou « scrupuleux », « description factuelle et évaluation peuvent être et doivent être *imbriquées* »[2], cela n'implique pas une remise en cause générale de la distinction entre constatations et évaluations. Du fait que les jugements de valeur, pour être irréductibles à des expressions de préférence, doivent avoir un fondement factuel, il ne s'ensuit pas qu'ils s'y réduisent. Au contraire, comme le fait remarquer Durkheim, si tout jugement « a nécessairement une base dans le donné », le rapport à la réalité n'est pas du tout le même lorsqu'on constate et lorsqu'on évalue : le jugement de valeur « ajoute [...] au donné », puisqu'il dit aussi « l'aspect nouveau » dont la réalité « s'enrichit sous l'action de l'idéal »[3]. Il a par là même des conséquences pratiques immédiates : il incite à agir, c'est-à-dire à conformer davantage la chose ou l'action à l'idéal. On

1. *SP*, p. 139-140.

2. H. Putnam, *Fait/Valeur : la fin d'un dogme*, trad. fr. par M. Caveribère, J.-P. Cometti, Paris, Éditions de l'éclat, (2002) 2004, p. 36.

3. É. Durkheim, *SP*, p. 139-140.

peut donc toujours faire la différence entre l'usage descriptif d'un concept qui sert à constater et l'usage évaluatif qui en fait un idéal capable d'orienter aussi l'action.

Le rôle de la sociologie consiste précisément à faire un usage descriptif des concepts pour penser la réalité sociale qui est au fondement des valeurs. En élaborant des *concepts pour penser les idéaux*, la sociologie objective ces derniers; elle ne se borne pas, comme chez Weber, à clarifier les présupposés de l'action, puisqu'elle dévoile par là même le fondement objectif des jugements de valeur. La sociologie, selon Durkheim, est donc en mesure d'apprécier le rapport entre l'idéal invoqué par l'individu, lorsqu'il produit un jugement social, et celui que la société cultive effectivement, et de corriger, le cas échéant, l'un en fonction de l'autre : c'est donc en n'exprimant pas lui-même des jugements de valeur, mais en prenant l'idéal « comme une donnée », que le sociologue peut « aider les hommes à en régler le fonctionnement »[1]. Ainsi, en mesurant l'intensité de l'attachement à un idéal, il peut en préciser le sens et la place; par exemple, sachant que « le nombre des attentats contre la personne est plus ou moins élevé » suivant que le sentiment de respect pour la dignité humaine « est plus ou moins intense », il peut étudier les variations dans le droit pénal, qui définit et régule de tels actes, et en conclure que la « dignité humaine » a été élevée au niveau d'« idéal moral des sociétés contemporaines »[2]. C'est autour de cet idéal de la personne que les sociétés modernes auraient organisé, selon Durkheim, leur hiérarchie de valeurs. Si ce dernier a raison, l'exigence formulée par le second versant du

1. *SP*, p. 141.
2. *SP*, p. 130-131.

principe de neutralité, loin de reposer sur un choix arbitraire, comme l'affirme Weber, se trouve fondée dans l'idéal des sociétés modernes : en effet, le devoir qui incombe au professeur de respecter et cultiver l'autonomie des individus auxquels il s'adresse en découle directement.

Toutefois, la position de Durkheim suppose non seulement qu'il existe *une* hiérarchie objective que le sociologue peut constater pour fonder les évaluations des agents, mais qu'il existe dans toute société, y compris dans la société moderne, une hiérarchie *unique* de valeurs ; or, cela soulève des questions à la fois sociologiques et philosophiques. Tout d'abord, l'identification d'une hiérarchie au sein des sociétés modernes n'assure en rien qu'elle soit la seule. Même si l'on écarte la thèse wébérienne d'une lutte irréductible entre les dieux, il faut restituer les *identités spécifiques* des différentes sociétés modernes et rendre compte de l'existence des *conflits* qui les traversent. Une fois ces spécificités et conflits pris en considération, il faut établir ce qui reste de la rationalité des jugements de valeurs et du rôle de la sociologie. Ainsi, pour rendre compte de la prétention d'universalité des jugements de valeurs qui s'opposent dans les sociétés modernes, la sociologie doit prolonger *la fondation des valeurs* au-delà du cadre social où Durkheim a cherché la source de leur objectivité. Si le jugement social est sans doute « objectif » par rapport aux jugements subjectifs des individus, il reste en effet à savoir comment la raison commune éclairée par le sociologue peut atteindre une forme d'universalité.

Le principe de neutralité axiologique est tout d'abord constitutif de la recherche en sciences humaines : il exige du chercheur qu'il distingue entre questions pratiques et questions théoriques, afin de ne pas confondre les problèmes et de protéger l'établissement des faits contre l'influence d'évaluations fondées sur des valeurs non-épistémiques. Ce principe règle ensuite l'usage des résultats scientifiques : il demande à l'enseignant de ne pas mêler enseignement et propagande, de sorte à promouvoir l'autonomie intellectuelle et morale des individus. Le principe de neutralité axiologique ne présuppose toutefois dans aucun de ses deux versants que les jugements de valeur soient arbitraires. Il laisse la porte ouverte au projet d'une science normative voulant contribuer à les fonder, et capable, par conséquent, de justifier la vocation du savant et l'engagement du professeur.

PRÉSENTATION DES AUTEURS

CÉLINE BONICCO-DONATO est maître-assistante à l'École Nationale Supérieure d'Architecture de Grenoble. Ancienne élève de l'École Normale Supérieure, agrégée et docteur en philosophie, elle est l'auteur de *Apprendre à philosopher avec Hume* (Ellipses, 2010) ainsi que de nombreux articles sur les Lumières écossaises et l'École de Chicago. Elle prépare un ouvrage proposant une archéologie philosophique de la sociologie d'Erving Goffman.

FRANCESCO CALLEGARO est docteur en philosophie de l'École des Hautes études en sciences sociales (Centre d'études sociologiques et politiques Raymond Aron). Il collabore avec le Groupe de sociologie politique et morale (GSPM) et ses recherches se situent au croisement de la philosophie politique et des sciences sociales. Il termine actuellement un livre sur la sociologie d'Émile Durkheim.

PIERRE CHARBONNIER est agrégé de philosophie, ancien élève de l'École Normale Supérieure de Lyon, et actuellement ATER à l'Université Paris Ouest Nanterre La Défense. Il a réalisé une thèse de philosophie intitulée « Les rapports collectifs à l'environnement naturel : un enjeu anthropologique et philosophique » à l'Université de Franche-Comté.

EVA DEBRAY est certifiée et doctorante en philosophie morale et politique, ainsi qu'en philosophie des sciences sociales au laboratoire Sophiapol (Université Paris Ouest Nanterre La Défense). Sa thèse s'intitule: «Étude des phénomènes d'auto-organisation dans le champ social et politique». Elle est actuellement ATER en philosophie à Paris Ouest Nanterre La Défense.

PIERRE DEMEULENAERE est professeur de théorie sociologique et de philosophie des sciences sociales à l'Université Paris-Sorbonne. Il est agrégé de philosophie et docteur en sociologie. Ses travaux portent essentiellement sur trois domaines : la théorie de l'action dans les sciences sociales; l'analyse des normes sociales, de leur émergence et de leur variation, en particulier les normes de la vie économique; les modalités de l'explication dans les sciences sociales.

STÉPHANIE DUPOUY est agrégée-répétitrice à l'École normale supérieure de la rue d'Ulm et membre du Centre Cavaillès (ENS). Docteur en philosophie, elle est l'auteur d'une thèse d'histoire des sciences intitulée «Le visage au scalpel: l'expression faciale dans l'œil du savant (1750-1880)». Ses recherches portent sur l'histoire et l'épistémologie des sciences humaines et sociales, et en particulier sur l'observation et l'expérimentation dans les sciences psychologiques.

CHARLES GIRARD est professeur agrégé (prag) à l'Université Paris-Sorbonne. Docteur en philosophie, ancien élève de l'ENS-Ulm, il est spécialiste de philosophie politique et sociale. Ses recherches portent sur les pensées contemporaines de la démocratie, à la croisée de la théorie normative et des sciences sociales. Il a co-édité, avec A. Le Goff, *La démocratie délibérative. Anthologie de textes fondamentaux* (Hermann, 2010).

FLORENCE HULAK est post-doctorante à l'Institut d'Études Avancées-Paris, rattachée à PhiCo-NoSoPhi (Université Paris 1). Agrégée et docteur en philosophie, elle travaille en philosophie des sciences humaines et sociales, en particulier sur l'épistémologie de l'histoire. Elle achève actuellement un ouvrage sur le rapport entre société et mentalités dans l'histoire de Marc Bloch.

CLAIRE PAGÈS est agrégée et docteur en philosophie. Elle a soutenu une thèse à l'Université de Nanterre (Sophiapol) intitulée « La négativité ou les intermittences du sens chez Hegel et chez Freud ». Auteur d'une introduction à ces deux auteurs (Ellipses, 2008 et 2010), elle travaille aussi sur la pensée de Jean-François Lyotard et a publié *Lyotard et l'aliénation* (P.U.F., 2011). Elle est actuellement ATER à l'Université Nancy 2 et travaille au sein des Archives Poincaré.

RUWEN OGIEN est directeur de recherches au CNRS. Il s'occupe principalement de philosophie morale et de philosophie des sciences sociales. Il a écrit notamment : *Les causes et les raisons. Philosophie analytique et sciences humaines* (Jacqueline Chambon, 1995); *Le rasoir de Kant et autres essais de philosophie pratique* (L'éclat, 2003); *L'éthique aujourd'hui. Maximalistes et minimalistes* (Gallimard, 2007).

INDEX

TABLE DES MATIÈRES

ACHEVÉ D'IMPRIMER
EN DÉCEMBRE 2011
PAR L'IMPRIMERIE
DE LA MANUTENTION
A MAYENNE
FRANCE
N° 809395U

Dépôt légal : 4e trimestre 2011